水库工程维修养护运行机制

主编 龚爱民 傅蜀燕 黄海燕 张慧颖

中国水利水电出版社
www.waterpub.com.cn
·北京·

内 容 提 要

　　本书是作者在多年从事水库工程维修养护工作的基础上编写的。主要内容包括：纯公益性、准公益性、经营性水库工程的管理体制；维修养护运行机制、工作程序和管理办法；维修养护市场准入、退出与绩效评价、市场信用体系及其建立；维修养护投融资平台、资金使用与监管及绩效评价等。

　　本书可作为水行政主管部门、水利工程管理单位和从事水库工程维修养护工作的管理、技术人员的参考用书。

图书在版编目（ＣＩＰ）数据

水库工程维修养护运行机制 / 龚爱民等主编. -- 北京 ：中国水利水电出版社，2017.4
ISBN 978-7-5170-5318-7

Ⅰ．①水… Ⅱ．①龚… Ⅲ．①水库工程－维修②水库工程－保养 Ⅳ．①TV62

中国版本图书馆CIP数据核字 (2017) 第076572号

书　　　名	**水库工程维修养护运行机制** SHUIKU GONGCHENG WEIXIU YANGHU YUNXING JIZHI
作　　　者	主编　龚爱民　傅蜀燕　黄海燕　张慧颖
出 版 发 行	中国水利水电出版社 （北京市海淀区玉渊潭南路 1 号 D 座　100038） 网址：www.waterpub.com.cn E-mail：sales@waterpub.com.cn 电话：（010）68367658（营销中心）
经　　　售	北京科水图书销售中心（零售） 电话：（010）88383994、63202643、68545874 全国各地新华书店和相关出版物销售网点
排　　　版	中国水利水电出版社微机排版中心
印　　　刷	三河市鑫金马印装有限公司
规　　　格	170mm×240mm　16 开本　7.5 印张　101 千字
版　　　次	2017 年 4 月第 1 版　2017 年 4 月第 1 次印刷
印　　　数	0001—1500 册
定　　　价	**35.00 元**

前　言　*Preface*

水库大坝安全关系到国家安全、生态安全、防洪安全、供水安全、粮食安全和人民生命财产安全，因此，科学的大坝安全管理对国家具有十分重要的战略意义。水库大坝作为人类改造自然、利用自然资源的产物，也是一种特殊建筑物，其特殊性主要表现在投资和效益的巨大和失事后造成灾难的严重性。水库大坝同样有一个建成、使用、老化、消亡的过程。多数大坝的溃决是某些因素由量变发展到质变的结果。在大坝正常运行期间，如何总结大坝溃决经验教训，采取科学的维修养护对策，消除病害和隐患，防微杜渐，防患于未然，是摆在广大坝工人员面前的重大课题。

我国是世界坝工大国，目前共建有各类大坝约 9.8 万座。登记注册的水库大坝有近一半已经运行三四十年，坝龄日趋老化，运行可靠度降低；部分水库处于超期服役的状态。许多大坝限于当年建造时的技术水平和经济条件，工程质量和建设水平不是太高，加上管理粗放、工程老化失修、维修养护经费不足，致使安全问题更加突出。

全书共分七章。书中详细阐述了水库工程维修养护体制和运行机制、维修养护市场的构建和企业准入、评价与退出机制、资金使用管理与监督机制。按照"谁投资、谁所有、谁受益、谁负担"的原则，明晰水库工程产权。按照分级、分层管理的原则，建立由水行政主管部门、质量监督机构、水库工程管理单位、监理单位组成的分级、分层次监督的监管体系。按照"建养并重、管养分离、监管到位、体制顺畅、依法保障"的原则，独立或联合组建维修养护企业，构建以辖区内水库工程（或单个项目）打捆管理，或基于联合调度的大中型水库代管周边水库等多种形式的维修养护模式。积极推行水库工程管养分离，把维修养护业务推向市场，规范市场化运作，逐步实现"政府承担、公开竞标、合同管理、评估兑现"的维修养护模式，使水库工程维修养护走上市场化、专业化、法制化、社会化和现代化的道路。坚持"政府主导、市场运作、社会参与"的原则，建立多渠道、多层次的水库工程维修养护投融资格局和有效的资金绩效评价体系。

全书由龚爱民、傅蜀燕、黄海燕、张慧颖主编，参加编写工作的还有李艳娟、刘慧梅、杨松、黄剑锋、雷腾云、刘显光、何元明、赵建文、贾世红、马泽宇。

本书在编写过程中，得到了云南省水利厅、楚雄州水务局、文山州水务局、保山市水务局等单位的大力支持。云南省水利厅党组成员胡朝碧副厅长亲自对本书进行指导，提出了许多建设性意见和建议。云南省水利厅工程管理局各位同志也提出了一些宝贵的意见和建议。在此，一并向他们表示衷心的感谢！

本书在编写过程中，参阅了大量科技文献和资料，书中未能逐一列出，特向各位作者诚表谢意！

由于作者水平有限，书中不妥之处，恳请各位专家和读者批评指正。

作者

2016 年 12 月于昆明

目录 *Contents*

第1章

绪 论

1.1 概述

水库大坝安全关系到国家安全、生态安全、防洪安全、供水安全、粮食安全和人民生命财产安全，因此，科学的大坝安全管理对国家具有十分重要的战略意义。水库大坝作为人类改造自然、利用自然资源的产物，也是一种特殊建筑物，其特殊性主要表现在投资和效益的巨大和失事后造成灾难的严重性。水库大坝同样有一个建成、使用、老化、消亡的过程。多数大坝的溃决是某些因素由量变发展到质变的结果。如何总结大坝溃决经验教训，在大坝正常运行期间，采取科学的维修养护对策，消除病害和隐患，防微杜渐，防患于未然，是摆在广大坝工人员面前的重大课题。

近年来，项目法人责任制、招标投标制、合同管理制、项目资本金制度和工程监理制等市场化、商业化模式逐步进入到综合水利枢纽工程投资建设领域，这些相关制度和措施的实施对于在水库工程建设中建立投资建设风险约束责任机制、提高工程建设质量和保证工程建设进度等方面发挥了重要作用。

水库工程管理单位可以采用企业法人制管理，也可以是事业单位企业化管理。因为只有企业法人才需要足额提取折旧和进行全成本核算。事业单位尽管也需要核算资产，但不需要提取折旧，只需要根据资产使用年限进行核销。此外，从将水库工程供水从行政事业性收费转为经营性收费的国家规定可以发现，虽然水库工程管理单位作为收费主体的地位没变，但收费行为却转变为经营性的企业行为和市场行为，因此，水库工程管理单位必须要转变为企业或公司。

在水利工程建设与管理过程中，"重建轻管"的思想一直存在。在思想上，有的干部较重视工程项目建设管理，忽视工程运行管理。在投入上，基础设施投入多、运行维护投入少。在建设管理过程中，建立了适应社会主义市场经济要求的项目法人责任制、招投标制、建设监理制模式，而在运行管理中，并没有建立起规范的、有效的管理模式。在对改革的认识上，有的水库工程管理单位"等、靠、要"思想严重，担心改革影响既得利益；有的对改革有畏难情绪，持等待观望态度。"重建轻管"的思想使水库工程管理单位缺乏必要的人力、财力、物力，普遍存在管理条件差、管理水平低、业务技术能力有限等问题。

此外，大部分水利工程为综合开发、综合利用工程，很难严格区分其单位性质。公益性工程和经营性工程合在一起，公益性资产和经营性资产难以界定，同时，公益性部分的运行管理费不能完全得到财政补贴。由于综合性水库工程管理单位和原单位有着千丝万缕的关系，事企难于分开，自身又不具备法人资格，所以不能实施经济核算、独立经营、自负盈亏，从而导致综合性水库工程管理单位无法按现代企业制度运作。这种"企附事业、福利养企"的现象，造成专款难以专用，维修养护管理投入的效率弱化。此外，部分水库工程管理单位责任主体不明晰，权责划分不清，导致水利工程的分级管理混乱，不利于水资源的优化配置和统一调度；另外，一些水行政主管部门对水库工程管理单位只有业务管理权限，没有人事管理权限，不利于管理效率的提升。因此，探索如何建立职能清晰、责权明确、管理科学、经营规范的水库工程维修养护机制具有极其重要的实践意义和社会经济发展价值。

1.2　水利工程分类

《水利工程管理体制改革实施意见》（国办发〔2002〕45 号）拉开了水利工程管理体制改革的序幕。根据水库工程管理单位承担的任务和收益状况，可分为纯公益性水库工程管理单位、准公益性水库工程管理单位和经营性水库工程管理单位三类。

第一类是纯公益性水利工程，指承担防洪、排涝等水利工程管理、运行、维护任务的水利工程。第二类是准公益性水利工程，指既承担有防洪、排涝等公益性任务，又承担有供水、水力发电等经营性功能的水利工程。第三类是经营型水利工程，指承担城市供水、水力发电等营利型水利工程。

纯公益性水利工程的水库工程管理单位定性为事业单位。经营性水利工程的水库工程管理单位定性为企业。纯公益性水库工程管理单位或经营性水库工程管理单位，因其所承担单一公益性任务或经营性任务，这两类水库工程管理单位一般能够准确定性。准公益性水库工程管理单位具有供水、发电以及多种经营收入，同时还承担以社会效益为主的水利工程管理与维护任务。因此，准公益性水库工程管理单位的定性，需要根据其经营收益状况进行确定。对不具备自收自支条件的可定性为事业单位。对具备自收自支条件的可定性为企业。

1.3　国外水利工程管理体制

由于社会历史背景、行政管理体制、流域和水资源等特点不同，世界各国的水行政管理体制的设置形式多种多样。国家级水利管理体制设置形式分类见表 1.1。尽管每个国家的水管理体制不同，但都强调对水资源的统一管理，这样才能更好地发挥水资源的效益和保护日益脆弱的生态环境。

表 1.1　　　　　　　国家级水利管理体制设置形式分类

类　型	代 表 国 家
以水利（水资源）部为主的管理体制	中国、印度、罗马尼亚
将水管理纳入环境部的管理体制	德国、英国、加拿大
将水管理纳入资源部的管理体制	澳大利亚、土耳其
多部门分工的管理体制	美国、日本、法国、意大利

1.3.1　德国

德国水利工程建设起步早，符合建设条件的河流已基本开发利用完毕。因此，水利工程管理部门的主要工作是工程管理，保证工程的安全运行。

德国采用分级管理的水利工程管理体制，各级管理机构职责明确、政企分开，突出法制化、市场化运作特点。

联邦环境保护部负责制定德国水利总体发展框架，发挥宏观控制和监督管理作用。州环境保护局制定本州发展规划、水利规章制度，同时监督、协调指导基层水利工作。水利协会或委员会是民间团体，由代表各阶级利益的人员组成，与政府部门没有直接隶属关系。其管理行为受联邦环境保护部和州环境保护局监督管理。水利协会是德国水利管理市场化的核心组织，是水利工程市场化运作的产物，保证了管理的制度化、规范化及工程建设的质量和运行安全。

1.3.2　澳大利亚

澳大利亚水资源管理最突出的特点是水市场的构建。依据法律，水资源属于公共资源，归州政府所有，由州政府根据辖区内各用水户的申请统一调整和分配水权。随着经济的发展，用水量也逐渐增加，可授权的水量越来越少，从而导致水资源供需矛盾十分突出。于是，从 1996 年开始，对从流域引用的水量加以限制，采用取水量"封顶"制度，对水资源总量进行统一调整和分配，由各州按照协议执行。因此，任何用户用水都必须通过购买现有用水水权获得，从而形成一个水权可交易转让的水市场体系。

澳大利亚政府利用水交易市场机制作为经济杠杆，调控全国各用水户对水资源的提取和利用，引导和刺激各行各业合理用水、节约用水。在这个经济杠杆作用下，人们在发展生产时，首先就要考虑水在生产成本中所占的比例，并据此调整生产规模或发展用水少的产业。从而可以优化水资源配置，提高水资源利用率，保障环境用水，促进了资源、环境、社会、经济的协调发展。

1.3.3 日本

日本的管理体制属于"多龙治水，多龙管水"的模式，即采用以流域水资源管理体制为主的、集中协调与分部门行政的水资源管理体制。日本将水利作为国家重要的公益性事业，实行以国家投资为主，都道府县、市町村、事业公团及受益者多头分担的多元化投入体系，水资源开发管理分别由国土厅、建设省、农林水产省、通商产业省、厚生省按政府赋予的职能进行管理。

日本依据《水资源开发公团法》在1962年创建了水资源开发公团，专门从事水资源开发，并以独立法人资格进行工程建设和运行管理。公团根据国家的长期规划和地方政府的远景规划，协调各方面的关系，筹集资金，统筹全国七大水系的开发和治理。

日本依据《河川法》将河流划分为一级河流和二级河流，分别由国土交通省大臣和都道府县知事管理，其中一级河流中的部分指定区域可委托给都道府县知事管理。国家对都道府县知事管理的水利工程的建设和管理给予一定比例的补助。

1.3.4 荷兰

荷兰的水务局独立于各级政府，与政党无关，直接代表民众、业主的利益，是属于国家化的非营利专门管理机构，分管地方与区域性的水管理工作；中央政府（国家交通与水务部）则负责全国范围的水管理工作。

水务局采用管委会、行政管理和堤坝水督三级管理体系。管理机构由对水务局事务感兴趣的各方代表组成。参与者感兴趣程度决定了他们的席位数。各方代表在管理机构中的席位数由省一级政府事先确定。在水务局的基础上设立水务局协会。水务局协会的主要工作是代表水务局和工会向议会、中央政府和其他组织反映情况；参与制定有关的政策、法规和咨询、顾问工作；负责提交水议题、出版备忘录与报告到政府议事日程上；代表所有水务局加入相关国际组织。

水务局负责各水域管辖区内的灌溉、引流、排水、水净化，以及运河与河流管理等，并协调水管理、环境管理、城市规划与自然保护之间的密切关系，不负责居民的饮水供应、地下水管理。

水务局年财政预算的 73% 用于运行管理，27% 用于基础设施兴建。水务局财政收入主要来源于相关企业和个人的税收、中央和地方的财政补助。

1.3.5　启示与借鉴

综上所述，国外的水资源管理机制的启示与借鉴之处主要体现在以下四方面。

（1）依法治水和管水。尽管每个国家的水管理体制不同，但共同点是水的法律法规较健全，一切水事活动均依法开展。我国河流众多，流域面积大，水资源分布不均，开发利用情况复杂，水的法律法规相对较少，因此，有待加快相关法律法规的健全和完善，确保依法治水、管水。

（2）管理模式。每个国家的水资源管理所采用的管理模式都适应本国国情。因此，有待建立符合我国国情、适应社会主义市场经济改革要求的、权责利划分明确的水利工程管理体制。

（3）财政投入与补偿机制。灵活多样化的国家财政投入一直是水利资金投入的主渠道。因此，有待建立财政资金无偿投入与有偿使用相结合的多样化财政投入与补偿机制。

（4）融资方式。诸多国家的融资渠道的成功开辟，既突出法制化、市场化特点，又保证了水利资金有足额的配给量，有力推进了水利事业的可持续发展。因此，创新多种融资方式，积极动员社会资金参与水利工程建设与管理，是加快水利事业健康发展的有效措施。

1.4　国内水利工程管理体制

1.4.1　历史回顾

随着社会经济的发展和水利技术的进步，水利工程的管理水平也在不断提高。

1.4.1.1　新中国成立初期

这一时期，因为重视调查研究，提倡实事求是，遵循科学规律，所以水利工程建设不仅发展快，而且质量好、效益显著。随着水利工程数量的迅速增加，开始认识到水利工程管理的重要性和必要性。从解放初期的废除"龙官""水老"的管理模式，到开始实行民主管理，逐步形成了专业管理与群众管理相结合的管理形式。从此，水利工程管理开始步入正常发展的轨道。

1.4.1.2　"大跃进"到"十年动乱"时期

这一时期，由于片面追求水利工程建设的"高速度"，并推行"边勘测、边设计、边施工"的三边政策，虽然取得了很大成绩，但许多工程因此而留下了严重的后遗症。同时，"重建轻管"的思想更加突出。削减了大量管理机构，下放了大量管理人员，导致管理体制混乱、管理工作停顿、规章制度废弛，致使工程效益不能正常发挥。

"大跃进"后，在"调整、巩固、充实、提高"八字方针的指导下，水利工程管理水平在一定程度上获得了恢复和提高，管理机构有所加强，管理制度有所健全，管理人员有所充实。

但在"十年动乱"时期，水利建设和管理又遭到了严重破坏。水利工程管理机构被撤销，甚至出现水利工程长期无人管理的现象。

1.4.1.3　改革开放以来的新时期

十一届三中全会以后，在"把水利工作的重点转移到管理上来"的方针指导下，水利工程管理工作逐步走上健康发展的道路。此后，在"加强经营管理，讲究经济效益"的方针指导下，开始推行"以水费收入和综合经营为两个支柱，以加强经济责任制为一把钥匙"的"两个支柱，一把钥匙"的改革之路，促使水利工程管理工作逐步走上以提高经济效益为中心的经营管理轨道。到20世纪90年代，围绕"五大体系"的建设，明确建立适应社会主义市场经济的新体制和良性运行机制就是水利改革的核心，这为水利工程管理单位逐步按企业化管理、产业化经营创造了条件。

随后，一些地方以水费改革为突破口，以增强水利管理经济实力为基础，开始新一轮的水利工程管理体制改革。针对大中型工程，实施了从处（所）长负责制、目标管理责任制、承包管理责任制到企业化管理等体制改革试点；针对小型工程，以产权改革为核心，实施了从村组织群众管理到拍卖、租赁、承包、股份制等体制改革试点。这些改革举措，极大提高了水利工程效益和管理水平。

1.4.2　存在的问题

随着改革的不断深入和水利工程管理技术的不断进步，现有的水利工程管理体制主要存在以下几个方面的问题。

1.4.2.1　政企不分、体制不顺

随着社会经济的高速发展，水污染日趋严重，水资源日益短缺，这些现象与水利工程管理体制政企不分、政事交叉、权责不明的现状是分不开的。

目前，多数水库工程管理单位仍是"事业单位、企业管理"的传统体制，这严重制约了水库工程管理单位的发展。主要表现在政企不

分、政事交叉、权责不明、产权不清。长期以来，水库工程管理单位的管理和养护互为一体，监督与运营互为一体；产权制度不适应市场经济发展规律，经营性资产产权单一，导致部分资产闲置，资产的效益不能充分发挥。这些现象既影响水利工程的管理效率，又阻碍水利经济的高速发展。此外，水库工程管理单位内部的规章制度不健全，资产、财务管理环节存在漏洞，规范化与标准化管理水平低，管理成本高，严重影响了水利工程管理的高效运行。

1.4.2.2　机构臃肿、管理粗放

多数水库工程管理单位内部机构臃肿，人员超编现象严重，非管理岗位相对较多。主要原因是计划经济体制下的水库工程管理单位没有人事自主权，导致人员进出不畅。此外，由于多数水利工程远离城镇，为维持水库工程管理单位的正常运行和稳定职工队伍，需要解决职工家属的就业、子女入学、职工就医等问题。还有，偏远地区的水库工程管理单位的生活条件和待遇相对较差，导致专业技术人才纷纷外流。机构臃肿和人员超编既加重了水库工程管理单位的经济负担，又降低了工作效率，影响了工程的维护管理效率，从而导致水库工程管理单位内部缺乏激励与竞争机制。

1.4.2.3　经费来源不畅、自身造血功能不足

多数纯公益性水利工程的管理单位的财政拨款远远不能满足工程运行费用、维护管理费用和人员工资的需求。财政投入不足，一方面，会导致正常的维修养护工作都不能按规范要求正常进行，致使工程老化失修；另一方面，职工工资不能按时发放，会导致职工队伍工作不积极，思想不稳定，态度不端正。于是，一些水库工程管理单位不得不采用"先吃饭，后维护"的措施。在职工工资得到保证的条件下，才把剩余的资金投入到工程的维修养护上去。从而导致工程的维修养护费用远低于实际运行所必需的费用。这些费用只能维持水利工程的最低运行需求，从而导致许多工程带病运行，影响了水利工程的安全运行和整体效益的发挥。

1.4.2.4　社会保障程度低、负担沉重

一方面，水库工程管理单位的社会参保意识薄弱；另一方面，国家事业单位的社会保障制度尚未完全建立，水库工程管理单位仍然需要自己负担医疗、养老保险等。这种状况无法解决离退休职工的社会保障问题，不利于职工的转岗分流改革，给后续的深化改革带来了后顾之忧。

1.4.3　解决思路

水利工程管理体制改革是一项十分复杂的系统性工作，涉及经济、社会的方方面面。改革既要大胆探索、勇于创新，又要积极稳妥、实事求是，必须把握好改革的时机、步骤，必须处理好改革、发展与稳定的关系，确保改革工作的顺利进行。

（1）依法治水，实施分级管理。健全和完善水利工程管理的相关法律法规，建立符合我国国情、适应社会主义市场经济改革要求的、权责利划分明确的水利工程管理体制，依法管理，实现水利工程管理的法制化、制度化、规范化。

（2）培育维修养护市场，推行管养分离。为适应市场经济发展要求，降低水利工程管理成本，提高维修养护水平和工作效率，要积极推行水利工程的管理和维修养护分离，培育维修养护市场，规范市场秩序，逐步走向维修养护的市场化、专业化、法制化、社会化和现代化，充分发挥工程效益。

（3）明确责权利，规范财政支付。结合基层水利服务体系建设、农业水价综合改革的要求，明晰工程产权。明确管理责任，落实管护职责。逐级建立安全责任制，明确各类责任人的具体责任，建立和完善责任追究制度。明确纯公益性、事业性质的准公益性水库工程管理单位的财政支付的范围和方式，明确企业性质的准公益性水库工程管理单位的财政补贴制度，明确企业性质的水库工程管理单位不予财政补贴，以规范财政支付。

（4）创新多元化投资机制，完善投融资渠道。建立多种投融资体制并行的水利工程投融资机制，形成多渠道、多层次的水利工程维修养护投资格局。

（5）实施人员分流，解决后顾之忧。在定编定岗的基础上，采取多种渠道进行人员分流，开展多种经营，鼓励职工自谋职业，努力安置分流人员。

1.5 本书主要研究内容

1.5.1 研究目标

坚持实事求是、解放思想、与时俱进的原则，遵循社会主义市场经济发展规律，建立职能清晰、权责明确的水库工程管理体制，建立管理科学、公平规范的水库工程运行机制，建立市场化、专业化、法制化、社会化和现代化的水库工程维修养护体系。

1.5.2 基本原则

研究过程中遵循的基本原则如下。

（1）正确处理近期目标与长远发展的关系。既要实现水库工程管理体制改革的近期目标，又要有利于水资源的可持续利用和生态环境的协调发展。

（2）正确处理改革、发展与稳定的关系。改革既要大胆探索、勇于创新，又要积极稳妥、实事求是，充分考虑各方面的承受能力，必须把握好改革的时机、步骤，必须处理好改革、发展与稳定的关系，确保改革工作的顺利进行。

（3）正确处理水库工程的社会效益与经济效益的关系。明晰工程产权，引入市场竞争机制，明确水库工程性质，落实管护职责，降低水库工程运行、管理成本，提高维修养护水平和经济效益。

（4）正确处理水库工程建设与管理的关系。既要重视水库工程建设，又要重视水库工程管理，建立多元化投融资机制。

（5）正确处理责、权、利的关系。明确各机构的责、权、利，建立约束和激励机制，使管理责任、工作绩效和切身利益紧密挂钩。

1.5.3　研究内容

水利工程的涉及面广，体系复杂，一般意义下的水利工程包括水库工程、灌区工程、堤防工程、水闸工程、泵站工程等工程项目。本书以政府投资建设的水库工程为代表和突破口，对水库工程维修养护机制进行探索研究。主要研究内容如下。

（1）建立职能清晰、权责明确的水库工程管理体制。

（2）建立管理科学、公平规范的水库工程运行机制。

（3）建立市场化、专业化、法制化、社会化和现代化的水库工程维修养护市场。

（4）建立规范的水库工程维修养护企业准入、绩效评价与退出机制。

（5）建立规范的资金投入、使用、管理与监督机制。

第 2 章

水库工程管理体制

2.1 概述

水利部是中国的水行政主管部门，负责全国水资源的统一管理。流域管理机构是水利部的直属机构，在各流域内代表水利部行使水利部授予的职权。各省（自治区、直辖市）水利厅（水务局）直接受所在省（自治区、直辖市）政府领导，同时接受水利部领导，负责辖区内的水资源管理职责。国家防汛抗旱总指挥部、国土资源部、建设部、财政部、农业部、国家发展和改革委员会、国家环境保护总局等机构协助水利部，参与水利管理的某一方面业务。在水利系统内，水利工程管理机构主要有水利部、水利部直属七大流域管理机构、各省（自治区、直辖市）直属水利厅或水务局、州（市）、县（市、区）的水务局。

纯公益性水利工程的水库工程管理单位定性为事业单位。对不具备自收自支条件的准公益性水库工程管理单位定性为事业单位。对具备自收自支条件的准公益性水库工程管理单位定性为企业。经营性水利工程的水库工程管理单位定性为企业。

借鉴国外水资源管理机制，结合我国水资源管理的实际情况，针对纯公益性、准公益性、经营性水库工程，通过推行水库工程的管理和维修养护分离，可以有效解决"政企不分、政事交叉、权责不明、产权不清"的问题，既能提升水库工程的管理效率，又能保证工程效益的充分

13

发挥，同时，通过市场机制的引入，可以有效降低工程运行成本。

2.2　管理体制模式

2.2.1　管理体制框架

基于国内外水资源管理体制的分析，结合我国水资源管理的实际情况，为适应市场经济发展要求，降低水利工程管理成本，提高维修养护水平和工作效率，要积极推行水利工程的管理和维修养护分离，建立符合我国国情、适应社会主义市场经济改革要求的、权责利划分明确的水利工程管理体制，依法管理，实现水利工程管理的法制化、制度化、规范化。水库工程管理体制框架见图2.1。

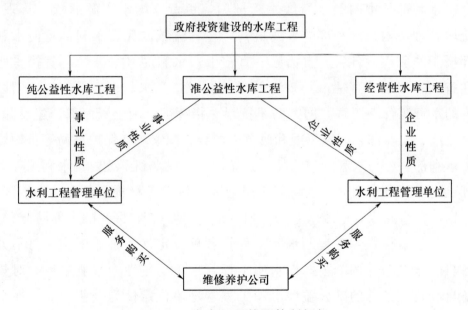

图 2.1　水库工程管理体制框架

2.2.2　总体构想

2.2.2.1　依法治水、分级管理

依法治水是依法治国的重要组成部分。遵循社会经济的可持续发

展、水资源可持续利用的规律，深化体制改革，全面贯彻实施《中华人民共和国水法》《中华人民共和国水土保持法》《中华人民共和国水污染防治法》《中华人民共和国防洪法》等一系列法律法规，实行依法治水、管水，明确流域管理与行政区域管理、水资源权属管理与开发利用的产业管理、统一管理与分级管理、水资源保护与水污染防治等之间的关系。

结合中国的国情、水情，借鉴国外水资源管理体制的成功经验，考虑到我国现行的行政区域仍然是以各级政府为主体进行管理，因此，采用流域管理与行政区域管理相结合的分级管理体制是比较符合目前实际的。

水库工程管理遵循"分级管理、谁投资谁管理"的原则。流域管理机构和省级政府通过建立健全相关配套政策，统一管理水资源，遵循市场经济规律，采用经济杠杆实施相关规章制度。县级以上水行政主管部门依法对水库工程实施行政管理；投资者在服从行政管理的前提下，对其投资的水库工程实施运营管理。跨市、县（区）、镇（乡）的水库工程，采用统一管理与分级管理相结合的体制；由上一级水行政主管部门管理，也可委托主要受益市、县（区）、镇（乡）负责管理，但必须设置统一的管理机构。乡镇一级的水库工程需要建立乡镇水利管理机构，并配备专职工作人员；业务上接受上一级水行政主管部门的指导。

2.2.2.2　明确权责、规范管理

1. 明晰工程产权

结合基层水利服务体系建设、农业水价综合改革的要求，遵循"谁投资、谁所有、谁受益、谁负担"的原则，明晰落实水库工程产权。

个人投资兴建的水库工程，其产权归个人所有；社会资本投资兴建的水库工程，其产权归投资者所有，或根据投资者的意愿进行产权归属划分；受益户共同出资兴建的水库工程，其产权归受益户共同所

有；以农村集体经济组织投入为主的水库工程，其产权归农村集体经济组织所有；以国家投资为主兴建的水库工程，其产权由当地人民政府或其授权部门根据国家有关规定进行产权归属划分。对于产权归属已明晰的水库工程，产权归属关系保持不变。

2．明确管理责任

根据水库工程的特点，可以实事求是、因地制宜地采用专业化集中管理、社会化管理等多种管理方式进行维修养护。

各级水行政主管部门对辖区内的水库工程承担行业管理责任，负责对水库工程的管理、维修养护、安全运行、资金使用进行监督检查。产权所有者是水库工程的管理、维修养护、安全运行的主体，负责健全管理与维修养护制度，落实管护责任，确保水库工程的正常与安全运行。

3．推行责任追究制

通过明确各级政府机构中的安全责任人、水行政主管部门中的安全责任人、水库工程管理单位中的安全责任人、产权所有者中的安全责任人，依据各种类型的安全责任人的具体责任等管理规则制度，逐级建立和完善水库工程安全责任制。

按照分级管理的原则，水行政主管部门管理的水库工程出现安全事故的，由上一级水行政主管部门与同级政府依法追究相关安全负责人的责任；其他单位管理的水库工程出现安全事故的，政府依法追究产权所有者的责任和水行政主管部门的行业管理责任。

2.2.2.3　明确单位性质、严格定编定岗

1．明确单位性质

水库工程管理单位的性质由机构编制部门、财政和水行政主管部门根据国家相关规定进行确认。

纯公益性水库工程的管理单位为事业单位，可纳入同级财政预算管理。定性为事业单位的准公益性水库工程的管理单位，可由同级财政适当进行补贴；定性为企业的准公益性水库工程的管理单位和经营

性水库工程的管理单位，维持企业性质不变，不予财政补贴，自主经营，自负盈亏。

2. 妥善安置分流人员

纯公益性和准公益性水管事业单位的人员编制，根据国家有关水利工程管理单位定岗标准核定。准公益性水库工程管理单位中从事经营项目的人员、从社会职能机构中剥离出来的人员、实行管养分离后的人员，不再核定编制。

水行政主管部门和水库工程管理单位要广开就业渠道，发展多种经营，优先安排分流人员，并落实社会保障政策。

2.2.2.4 培育养护市场、推行管养分离

为适应市场经济发展要求，降低水利工程管理成本，提高维修养护水平和工作效率，要积极推行水库工程的管理和维修养护分离，精简管理机构，通过培育维修养护市场，规范市场秩序，促使维修养护逐步走向市场化、专业化、法制化、社会化和现代化。

对水库工程中的管理与养护、人员、经费进行剥离，一方面建立精简高效的管理机构；另一方面将水库工程的维修养护业务推向市场，按市场经济规律运作。对管理机构来说，实行目标管理，定岗、定编、定职、定责，逐步建立高效的管理机构。对维修养护来说，推行"三个转变"，即维修养护队伍由事业人员转变为企业人员，维修养护任务由政府指定转变为市场招标，维修养护形式由分散化模式转变为专业化、社会化模式。

2.2.2.5 规范财政支付、完善投资机制

建立多种投融资体制并行的水利工程投融资机制，形成多渠道、多层次的水利工程维修养护投资格局。

1. 规范财政支付

水库工程的维修养护经费，根据水库工程管理单位的类别和性质，依据《水利工程维修养护定额标准（试点）》，采取不同的财政补助政策和拨款方式。

纯公益性水库工程的管理单位为事业单位，编制内的在职人员、离退休人员等基本支出纳入同级财政预算；工程日常维修养护经费由水利工程维修养护岁修资金支出；工程更新改造费用纳入基本建设投资计划，由非经营性资金支出。

事业性质的准公益性水库工程的管理单位，实行综合财政预算管理制度，编制内的在职人员、离退休人员等基本支出纳入同级财政预算；非经营性部分的工程日常维修养护经费由水利工程维修养护岁修资金支出；工程更新改造费用纳入基本建设投资计划，由非经营性资金支出；经营性部分的工程日常维修养护经费由水库工程管理单位承担；工程更新改造费用在折旧资金中列支。经营性资产收益和其他收益全部纳入单位的经费预算。各级水行政主管部门应及时向同级财政部门报送各种收益，财政部门据此进行动态核算，适时调整财政补贴额度。

企业性质的水库工程管理单位，工程运行、管理和维修养护等资金不予财政补贴，由水库工程管理单位自行筹集，但必须保证水利工程的安全运行。

各级国有资产管理部门依照国家有关规定履行水利国有资产出资人职责，负责国有资产的基础管理，并建立水利国有资产监督管理制度，防止国有资产流失。

2. 规范经营活动

纯公益性水库工程的管理单位禁止从事以营利为目的的经营性活动。事业性质的准公益性水库工程的管理单位禁止异地投资兴办与水库工程无关的经营项目。企业性质的水库工程管理单位的投资经营项目，原则上应围绕与水库工程进行，并优先保证工程日常维修养护经费。

3. 建立多元化投融资体制

坚持"政府主导、市场运作、社会参与"的原则，拓宽水库工程多元化的维修养护投融资渠道。以公共财政投入为主体，增加公共财政对水库工程维修养护的投入；以构建水利融资平台为纽带，引导金融机构增加水利信贷资金；以有效的政策扶持为依托，调动和发挥社会投资水利的积极性；以激励机制为动力，引导农民群众积极筹资筹劳进行水库工程维修养护。建立多渠道、多层次的水库工程维修养护投融资格局，形成有利于水库工程维修养护可持续发展的稳定投入机制。

2.3 纯公益性水库工程

长期以来，多数纯公益性水库工程的管理和养护互为一体，监督与运营互为一体，职责不清，管理资金与养护维修的资金界定不清，管理成本高，严重影响了水库工程效益的充分发挥。

2.3.1 目标

纯公益性水库工程的管理体制建设目标为：遵循社会主义市场经济发展规律，依据"政事企分开"的原则，推行"管养分离"；依据工程的社会公益效益，规范财政支付，建立权责明确、管理科学的管理体系和市场化、专业化的维修养护体系。

2.3.2 基本原则

在管理体制改革过程中，需要遵循下述基本原则：

（1）水资源可持续利用原则。水资源是人类赖以生存和发展的重要资源之一。在水资源配置过程中，加强水资源利用的科学规划，加强生态环境保护，宣传经济用水政策和措施，维护水资源的可再生性，实现水资源循环。

（2）社会效益与经济效益兼顾原则。纯公益性水库工程的安全和经济效益是国民经济和社会发展的重要基础之一。通过"管养分离"，以降低工程运行管理成本，提高工程效益。遵循"精简高效"的原则，按岗聘人，竞争上岗，建立一支精干、高效的工程管理队伍。遵循市场经济运行规律，按照现代企业制度组建维修养护企业，规范工程维修养护队伍，自主经营、自负盈亏、自我约束、自我发展。

（3）规模化管理原则。破除水库工程管理过程中的地域界限，摒弃"建一个水库工程，就建一个工程管理单位"的模式，也可以实施县市打包管理、基于联合调度的大中型水库代管周边水库等规模化管理的模式。这不仅可以避免重复建设、减少人力与物力资源的浪费，还可使已存在的各水库工程管理单位核心业务的拓展成为可能，从而壮大公益性水库工程管理单位的规模和实力，提高工程管理的整体水平。

2.3.3　责权利关系

在实施管养分离后，纯公益性水库工程的产权由人民政府或授权部门依据国家规定确定。

政府是水库工程管理单位的授权、指导和监督机构。水库工程管理单位是获得人民政府授权去管理水库工程的机构，接受人民政府的领导和监督，并对所管理的水库工程的安全运行负责。水库工程管理单位和维修养护企业之间是合同管理关系。

政府负责组建水库工程管理单位，下拨经费，依法指导、监督水库工程的管理工作。水库工程管理单位是独立的法人机构，受政府委托负责具体的水库工程管理业务；依据维修养护合同约定的内容与标准，对维修养护企业的有关行为和维修养护质量进行检查和验收，确保工程的安全运行，充分发挥工程的社会和经济效益。维修养护企业是独立的法人企业，依法自我约束、自主经营、自我发展，不断提高工程维修养护质量和管理水平。政府和水库工程管理单位不干涉维修养护企业的内部事务。

对于水库工程运行的安全监测业务，对于其职能划归到水库工程管理单位承担还是由维修养护企业承担的问题，分歧很大。为保证安全监测的连续性，原则上建议由水库工程管理单位承担水库工程运行的安全监测职能。水库工程管理单位可根据本地实际情况，委托维修养护企业承担安全监测任务，但安全监测的管理职能仍由水库工程管理单位负责。

2.3.4 工程管理运行

2.3.4.1 耗费补偿

纯公益性水库工程的功能和效益是典型的纯公共服务产品，其资产具有非经营性特点，不受市场机制的调节。依据《国务院关于投资体制改革的决定》，政府应该建立纯公益性水库工程的耗费补偿制度，政府负责支付纯公益性水库工程的管理、运行费用，以保障纯公益性水库工程安全运行。

2.3.4.2 维修养护

构建公平、规范、竞争的水库工程维修养护市场，为企业的高效运行提供充分的生存空间。严格区分水库工程管理单位和维修养护企业的业务范围、人员和经费，各自独立核算，实行合同化管理，政府出台适宜的政策、规章制度和标准等，如《水利工程维修养护市场管理办法》《水利工程维修养护企业资质等级标准与管理办法》等，组建相互独立的水库工程管理单位和专业化养护企业，规范市场行为，维护市场公平与秩序，培育和发展壮大作为市场竞争主体的养护企业，保障市场体系健康、有序、适度发展。

可以结合辖区范围内的工程数量、规模、相互之间的距离和交通状况等进行综合考虑，按一定实力将多个单位的养护企业进行合并重组，使其具有一定规模，尽快适应市场机制，实现维修养护的专业化、规模化、市场化运行。

对于新建的纯公益性水库工程，在投入运行时，管养分离要一次到位。可以通过市场招标的方式选择维修养护企业。市场条件不成熟时，可以采取与同专业比较接近的维修养护单位挂钩，逐步培养市场主体。

2.3.4.3　工程大修

工程大修是指综合修理、设备更新等重大维修。需要按基本建设程序，申报、立项报批后，通过招投标方式，选择具有一定资质的专业施工队伍承担。

刚刚转企的维修养护企业在这方面处于劣势，政府需要给予一定的政策支持，扶持其健康、有序的发展壮大；维修养护企业自身也要适应市场，加强人员岗位培训，增强自身竞争力，获得水利工程施工企业资质认证。通过公平、规范的市场竞争获得水库工程大修任务，逐步发展成为专业素质高、具有一定竞争实力的市场主体。

2.4　准公益性水库工程

对于准公益性水库工程的建设与管理，政府处于主导地位，承担着多种角色和职能。各级政府、流域机构与企业之间的责权利划分，因项目而异，缺乏有效的分权原则；水利资产的界定和资产管理等一系列问题尚未完全解决，严重影响了水库工程效益的充分发挥。

2.4.1　目标

准公益性水库工程的管理体制建设目标为：遵循社会主义市场经济发展规律，依据"政事企分开"的原则，明晰产权，推行"管养分离"；明晰水库工程管理单位性质；水资源行政主管部门行使监督权，促进公益性水利资产的保值和增值；企业依法行使水资源运营权，促进经营性水利资产的保值和增值；建立权责明确、管理科学的管理体系和市场化、专业化的维修养护体系。

2.4.2　单位性质

准公益性水库工程管理单位具有供水、发电以及多种经营收入，同时还承担以社会效益为主的水利工程管理与维护任务。因此，准公益性水利工程管理单位的定性，需要根据其经营收益状况进行确定。对不具备自收自支条件的可定性为事业单位。对具备自收自支条件的可定性为企业。

对准公益性水利工程管理单位的定性，必须定期核查准公益性水利工程管理单位收支情况，根据收支情况随时调整其单位的企、事业性质，进行动态管理。

根据当地经济社会发展水平，合理制定准公益性水利工程管理单位性质的盈利标准（例如社会平均收益率）。当水库工程管理单位的盈利达到并超过标准时，定性为企业性质；低于这个标准时，定性为事业单位，盈余部分交上级主管部门。

对于定性为企业的准公益性水利工程管理单位，可以给予一定的经济补偿，帮助其在市场上良性发展；同时，也可以给予一定的优惠政策。例如免收一定年限的企业所得税，或降低有关税费标准，促使其进入良性运行状态，以便水利工程能够发挥应有的公益性效益。

2.4.3　产权改革

在计划经济体制下，水利工程由国家投资建设，建成以后交给水利部门或地方经营。这种建设与经营相分离的体制，使建设单位和经营单位都不对投资回收负直接责任，工程所有权的代表却为投资回收负直接责任。经营者缺乏国有资产保值增值、回收投资的责任心，投资者的权益没有切实的措施得到保证。从而造成水利工程投资、建设、经营和管理的责、权、利关系不明晰的现象发生。

因此，对于准公益性水库工程，必须严格明晰产权。明确国家水资源的所有权、水行政主管部门对其代表国家投资的公益性水利资产的权益、经营性出资人对经营性水利资产的权益、经营单位对水利资产的法人财产权。对于企业性质部分可以建立企业管理制度；对于事业部分可以借鉴纯公益性的事业管理制度。但均要达到国家要求的公益目标，兼顾国家和管理者的利益，在两者发生冲突的情况下，要以国家利益为重。

在产权改革时，应遵循下述基本原则：

（1）对于国家投资兴建的水库工程，产权属全民所有；可以由国家管理，也可以委托集体管理。

（2）对于民办公助或集体自筹资金修建的水库工程，产权属集体所有；可以由集体管理，也可以根据需要由国家管理。管理范围内的土地及土地上的附属物，其所有权属全民所有，使用权属水利工程管理单位。

（3）对于中小型水利工程产权改革，可以采用承包、租赁、出售经营权的形式，或采用股份制、股份合作制的形式，实现产权多元化。

2.4.4　水利资产

水利资产是指在对水资源的调节、治理、开发、管理、控制和保护过程中建成的、满足人类生产生活需求的水利设施所形成的资产。

水利工程是国民经济和社会发展的重要基础设施，同时，水又具有流动性特征，从而赋予了水利资产广泛的内涵和特殊性。

水利资产的划分形式多种多样。依据水利工程的分类，从经济学角度可以将水利资产划分为公益性水利资产、准公益性水利资产、经营性水利资产三类。

公益性水利资产是指全社会能共同利用其功能、免费享用其效益的水利资产。公益性水利资产具有明显的社会效益和经济效益，但由于公益性水利资产的财务效益欠缺，因此只能由政府投资，其产权属于政府。

准公益性水利资产是指介于经营性水利资产和公益性水利资产之间的水利资产，既能让全社会共同利用其功能，又能为其产权所有者带来直接经济效益的水利资产。

经营性水利资产是指由水利产权主体独自利用其功能、独自享用其效益的水利资产。产权属于投资主体。

2.4.4.1　资产界定的目的与必要性

对准公益性水利工程的水利资产进行界定的目的如下：

（1）明晰政府（公共投资）和市场（民营资本、私人投资等）的职责和范围。

（2）保证准公益性水利工程的良性运行。

（3）促进准公益性水利工程经营管理的市场化运作。

对准公益性水利工程的水利资产进行界定的必要性体现在以下几方面：

（1）有利于已建准公益性水库工程的良性运行。准公益性水利工程需要支付其所属的公益性资产的正常运行、防洪、排涝等社会公益任务所需的费用。对准公益性水利资产进行界定，明确各项经费来源，明晰政府和市场的职责和范围，有利于保证已建准公益性水库工程的良性运行。

（2）有利于新建准公益性水利工程的良性运行。在准公益性水利工程的设计和规划阶段，明确国家投资和市场投资的份额，明确工程建成后管理运行费用的来源，有利于从源头上解决准公益性水库工程的先天不足问题，为建成后的良性运行奠定基础。

（3）有利于准公益性水利工程经营性管理企业的市场竞争。准公益性水利工程需要支付一定的公益性费用。对准公益性水利资产进行界定，由其经营性管理企业自行支配非公益性资产，参与市场公平竞争。

2.4.4.2　资产界定的方法

主要采用功能法和市场化法对准公益性水利资产进行界定。

1. 功能法

功能法是从水库工程功能的角度，根据准公益性水库工程的设计功能和实际运用功能，对准公益性水利工程的资产进行界定。功能法具有简明、直观的特点，是准公益性水库工程资产界定的常规方法。

从水库工程功能的投资角度，准公益性水利资产分为专用工程资产和公用工程资产。专用工程投资包括发电、供水、防洪、排涝等专用功能服务的工程投资，所形成的资产为专用工程资产。公用工程投资包括发电、供水、防洪、排涝等功能共同服务的工程投资，所形成的资产为公用工程资产。根据《水利建设项目经济评价规范》（SL 72—94）的有关规定，水利工程投资分摊的原则一般是专用工程投资由各功能主体自己承担，公用工程投资由各功能主体共同分担。因此，功能法对准公益性水利工程资产的界定，实质上是对准公益性水库工程中公用工程资产（投资）的界定。

采用功能法进行资产界定时，常用的具体方法有库容比例法、工作量法、功能效益法、可分离费用－剩余经济效益法。

库容比例法是根据水库工程各功能利用库容的比例确定工程投资的方法。水库库容一般由发电库容、供水库容、防洪库容等组成。防洪库容主要为防洪等公益性任务服务，为公益性库容；发电库容、供水库容主要为发电、供水等经营性任务服务，为经营性库容。根据准公益性水库工程的规划设计，以各功能库容的比例（或实际运用库容比例）计算公用工程投资的分摊系数，对准公益性水利资产进行界定。

工作量法是根据灌排水工程的排涝、供水工作量（或实际排涝供水工作量）比例确定工程投资的方法。该方法主要应用于灌排工程，一般情况下，将排水视为公益性服务，将供水视为经营性服务。

功能效益法是根据工程各功能的经济效益现值比例确定工程投资的方法。

可分离费用－剩余经济效益法是根据工程各功能的"可分离费用－剩余经济效益"比例确定工程投资的方法。"可分离费用－剩余经济效益"是指准公益性的各功能获得的经济效益减去各功能专用工程投资后的余额。

2. 市场化法

市场化法是从市场运行的角度，将准公益性水库工程的经营性功能市场化，根据市场条件下的水平（如水价、电价、单位发电供水平均投资等），按照一定的内部财务收益率，测算建设相同条件的经营工程所需的投资。该投资为准公益性水库工程能够在市场上实现良性运行的经营性功能投资，该投资可以通过资本市场融资来解决。公益性功能投资等于准公益性工程总投资（资产）与测算的经营性功能投资（资产）之差。该方法是根据资产进行界定的方法。

2.4.4.3 资产界定结果分析

如果准公益性水库工程能够达到社会平均投资回报率水平，则公益性资产的界定取低值；如果由政府对价格进行管制造成价格（水价）严重低于成本，这是政策造成的，则公益性资产的界定取高值。在实践中，按照两种方法界定的结果差异较大，需要具体分析。

有时会出现按功能法界定的公益性资产高于按市场化法界定的公益性资产的现象，如按功能法对长江三峡水利枢纽的公益性资产界定。

有时会出现按市场化法界定的公益性资产高于功能法界定的公益性资产的现象，如对一些农业灌溉工程的公益性资产界定。

2.4.5 投资与资产管理

2.4.5.1 公益性出资人与公益性资产管理

1. 公益性出资人

公益性出资人是指准公益性水库工程中公益性资产的投资主体。公益性资产不仅提供公益性服务，而且负责公益性支出，因此，其建设、运行、维护和改造资金均由政府承担，即政府是公益性出资人。

出资人权利包括依法持有股票、查阅公司章程、查阅股东大会会议记录、查阅公司财务报告、监督经营和财务管理、法律和公司章程赋予的其他权利等。

出资人义务包括依其所认购的股份和入股方式出资、按时拨付资金对项目法人的公益性资产管理维护支出给予合理补偿、法律和公司章程赋予的其他义务等。

2. 公益性资产管理

准公益性水库工程管理单位依法在规定的用途范围内使用、支配其经营的公益性资产，承担合理、有效、节约使用与保障国有资产安全、完整、防止流失的责任。

在使用、管理公益性资产时，必须做到：①优化配置资产、促进公益性资产合理、有效、节约使用；②建立健全公益性资产管理制度、统计报告制度和监督管理制度；③定期检查公益性资产，摸清家底，做到账账相符、账卡相符、账实相符，出入库验收，防止资产流失；④建立健全固定资产登记、保管、领用、检查、维护制度，建立健全固定资产损失赔偿制。

在公益性资产转化为经营性资产时，必须做到：①严格按照《国有资产评估管理方法》评估、核定其价值，作为国家投入的资本金；②除由于工程情况和公益服务范围、对象发生非实体性转化外，超过一定数额的需报批；③坚持有偿使用的原则，准公益性水库工程管理单位利用占有的公益性资产从事经营活动取得的收入，所属独立经济核算的生产经营单位上缴的纯收入，以及对外投资、联营、收益、资产、租金等，都应纳入统一管理和核算；④公益性资产转化为经营性资产的国家所有性质不变，国家另有规定者除外。

在处置公益性资产时，必须做到：①处置公益性资产（包括调拨、转让、变卖、报废等）实行审批制度；②准公益性水库工程单位有偿调出、出让和变卖固定资产、无形资产等，须经国家国有资产管理部门批准的评估机构评估后，按评估价处理，防止低价调出、出让和变卖，造成国有资产流失；③准公益性水库工程单位撤并、分立，应经批准后按国家有关规定办理公益性资产的变更、转交、转移、解缴等手续；④闲置或超过编制定额的公益性资产，应本着物尽其用的原则进行处置或调剂。

当出现下列情况之一时，政府可以收回或调拨公益性资产：①国家财政调整，追减已拨入的款项时；②按规定上交的各类专项拨款节余、事业经费包干节余、增收分成和建投资节余分成；③工程单位撤并、分设、改制时，需重新调配其公益性资产；④上级主管单位决定调出的公益性资产。

2.4.5.2　经营性出资人与经营性资产管理

1. 经营性出资人

准公益性水库工程中的经营性资产的融资渠道主要是非财政渠道，投资主体可能是企业或者个人。但由于准公益性水库工程具有投资大、周期长、收益低的特点，因此，除对公益性资产进行全额投资之外，政府也可以以商业投资者的身份对经营性资产进行部分投资。对经营性资产进行投资的主体称为经营性出资人。

出资人权利包括拥有经营性资产所有权、按出资比例在经营管理期间内享有资本收益和行使表决权、查阅会议记录和会计报表、监督经营和财务管理、法律和公司章程赋予的其他权利等。

出资人义务包括依其出资比例出资、依其出资额承担经营性资产的补偿与亏损和债务、维护公益性资产的完整和功能的正常发挥、法律和公司章程赋予的其他权利等。

2. 经营性资产管理

对经营性资产的管理，管理单位须依法在规定的用途范围内使用、支配其经营的资产，承担合理、有效、节约使用与保障国有资产安全、完整、防止流失的责任。

2.4.5.3　国家出资代表人

国家是政府的代表，可以以国家出资人的身份对准公益性水库工程中的经营性资产进行投资，此时，投资主体是国家。国家出资代表人可以是公益性出资人，也可以是经营性出资人。国家出资代表人代表国家行使出资人权利，是政府和水利企业之间的中介。

正确选择国家出资代表人是水利工程正常发挥作用的基本前提。选择国家出资代表人一般遵循下述标准：①有利于流域水资源的统一管理；②有利于公益性功能的正常发挥；③有利于解决工程立项建设和运行管理中出现的各种矛盾；④有利于加强内部团结，合理使用财政资金。国家出资代表人一般选择流域投资机构、国家投资机构、地方政府投资机构或水利企业集团。

国家出资代表人具有下述职责：①对准公益性水库工程中的公益性部分代表国家出资参股；②贯彻实施国家产业政策；③监督水利资产的保值、增值；④协调工程立项建设和运行管理中出现的各种矛盾。

2.5　经营性水库工程

经营性水库工程的经济效益比较明显、投资回报率相对较高，因此，可以参照现代企业管理实施经营性水库工程的建设、运行和管理；可以借鉴国外水库工程运行和管理的优点和经验，引入多种投融资方式，逐步建立适合我国社会主义市场经济发展的水库工程管养维护体制。

2.5.1　开展多种经营

经营性水库工程在开展多种经营时，必须遵循中央新时期的治水方针，在确保水利工程安全和充分发挥工程效益的前提下，依托自身资源和技术优势，开展种植、养殖、旅游、餐饮、施工、技术服务等生产性、经营性活动。

水库工程管理单位要企、事分开；依法规范化开展各项经营性活动；加强财务管理，对多种经营独立核算、严格资金管理、加强内部审计；政府部门加强指导、监督、协调和服务工作。

水库工程管理单位要建立现代企业制管理制度；条件成熟时可以

按照市场经济要求采用股份制、股份合作制、租赁制、承包制等多种形式进行融资，搞活生产和经营。

2.5.2　分配与激励机制

分配与激励机制是增强水库工程管理单位活力、调动各类人员积极性的重要手段。

1. 分配制度

水库工程管理单位遵循劳动、资本、技术和管理等生产要素按贡献率参与分配的原则，建立并完善以按劳分配为主体、多种分配方式并存的分配制度。

在进行科学的岗位设置、职位分析和岗位测评的基础上，根据各类人员岗位不同，建立基础工资、岗位工资、业绩津贴相结合的工资分配制度，激励各类人员争取任务、多做贡献。对管理人员，根据其工作责任大小、岗位目标与任务完成情况，建立以岗位、工作业绩为主的津贴制度；对个人类辅助人员，根据岗位工种、岗位级别、岗位目标与任务完成情况，建立以工种、工作业绩为主的津贴制度。岗位变动时，业绩津贴随之调整。

2. 用人制度

推行聘用制度，有利于实现真正意义上的人才流动。水库工程管理单位针对不同类型人员采用不同的聘用方式：对能实行聘用的行政领导人员，要严格遵循公开招聘制度、任前公示制度等程序，通过竞争确定人选，并定期考核，实现优胜劣汰；对行政管理、技术管理及维修养护等专业人员，在建立激励和约束机制的前提下，采取积极稳妥方式，逐步推行聘用制度；对新进人员，完全实行聘用制，首期聘用时间可以短些，通过短期聘用，在双向选择的前提下，决定人员去留。

同时，建立科学、严谨的考核制度，加强聘后管理。制定适合不同人员的评价标准，进行定期考核，使考核结果真正成为对各类人员进行任用、奖惩、晋级、增资、续聘和解聘的重要依据，使聘用制度逐步走向规范化。

3. 人员分流

经营性水库工程利用自身的多种经营活动，实施人员分流，解决内部职工的就业问题。参照国家相关规定和国有大中型企业富余人员的安置办法，对具有自谋出路能力和意愿的职工，给予一定的优惠政策，帮助他们顺利走向市场。

第 3 章

水库工程维修养护机制

3.1 概述

　　水库工程的维修养护要逐步走向市场化、专业化、法制化、社会化和现代化,并不断降低工程运行成本,提高管理水平,充分发挥工程效益。在水库工程中,实施管养分离是降低水利工程管理成本、提高维修养护水平和工作效率、充分发挥工程效益的重要措施。

　　管养分离是指将从事工程养护、修理工作的人员,以及相关管理人员从现有水库管理单位中分离出来,独立或按区域组建成专业化的、具有独立法人地位的、自主经营、自负盈亏的维修养护企业。

　　水库工程管理单位的管养分离与通常所说的企业下岗分流有着本质区别。管养分离是抽调人员组建新的企业,新企业是一个技术含量高、机构及人员配置精干的自主经营企业。因此,在开展管养分离改革过程中,不能将水库工程管理单位中的富余人员随意强加给养护企业。否则养护企业不但会背上沉重的包袱,而且会降低市场竞争力,最终导致水库工程的维修养护在低水平徘徊。

3.1.1 管养分离

3.1.1.1 实施前提

　　管养分离不是简单的、形式上的机构调整,而是在省、市、县各级政府部门落实了水库工程管理单位日常机构运行经费和水库工程运行、维修养护经费来源的基础上进行的水利工程管理模式的改革。因此，水库工程实行管养分离的前提是各级财政必须保证水库工程维修养护资金的足额拨付。

3.1.1.2　实施方式

从实际出发，逐步推行水库工程管理与维修养护分离，一般有下述 3 种方式。

（1）在水库工程管理单位内部，将从事工程养护、修理工作的人员、相关管理人员与维修养护经费分离出来。即将水库工程维修养护业务从所属水库工程管理单位中剥离出来，把从事大修理、机电安装等专业性强、技术要求高的工作人员和相关专业设备集中到一起，独立或联合组建维修养护公司、实业公司、物业管理公司等专业化维修养护企业。

维修养护企业主要承担原单位或其他相关工程及设备的维修养护。对维修养护人员落实项目责任制，实行合同管理；对管理运行人员落实岗位责任制，实行目标管理。对维修养护实行内部合同管理，维修养护部门实行企业化运作。

（2）在水库工程管理单位内部，将原有的维修养护部门直接转制为承担原单位的维修养护任务的专业化维修养护企业。该企业与水库工程管理单位脱钩，成为具有独立法人地位的、自主经营、自负盈亏的维修养护企业。

（3）将工程维修养护业务从所属水库工程管理单位彻底剥离出来，推向市场，水库工程管理单位通过招标方式择优确定维修养护企业，使水库工程维修养护走上市场化、专业化、法制化、社会化和现代化的道路。

3.1.2　管养分离后的机构

3.1.2.1　工程管理单位

管养分离后的水利工程管理单位由管理部门和运行部门构成。

管理部门的主要职责是作为维修养护项目法人，负责对水库工程进行资产、安全及调度管理、检查等。主要工作是组织工程普查，编制工程维修养护计划并向上级主管单位申报，根据审批的维修养护计划组织维修养护企业招投标，签订维修养护合同，选择监理单位承担维修养护监理工作，监督检查合同的执行，组织进行合同验收。

运行部门的主要职责是承担水库工程和设施的运行、操作、观测、巡查等业务，参与维修养护合同的监督检查。主要工作是承担水库工程及管理设施的巡视、检查、观测工作；参与水质监测工作，发现问题及时报告或处理；负责组织工程隐患探测，负责维护和保养通信设备，观测及探测设施、设备、仪器；负责运行、观测工作原始记录及运行观测资料的检查、分析、复核工作；在防汛抢险方面，承担防汛物资的保管，定期检查所存物料、设备，保证其安全和完好；参与制定险情抢护方案，承担紧急抢险任务。

3.1.2.2　工程维修养护单位

维修养护企业通过招投标签订维修养护合同，并按照合同要求，具体承担水库工程和设施的维修养护业务。主要工作是坝顶、坝面、淤区等主要水工建筑物的维修养护、备防石整修、隐患探测、害坝动物防治、上坝路维修和防护林带养护，以及水工建筑物、闸门、启闭机、自动控制设施、机电设备以及附属设施的维修养护等。

水库工程维修养护资料是维修养护过程中形成的一套较为全面、规范、完整的工程材料，通常包括相关文件、图表、计算书、声像等。维修养护企业必须做好资料的技术交底。

维修养护单位按照合同约定，制定科学合理的维修养护实施方案，合理划分日常维修养护和专项维修养护项目，遵守维修养护规程、规范与标准，严格工作程序，按照"工程精细化养护"的要求，将维修养护实施方案细划分解，安排落到实处。

3.1.2.3　工程监理单位

水库工程管理单位应委托有资质的监理单位进行社会监理，同时签订监理合同，履行合同约定的责任、权利和义务。

工程监理单位依法对水库工程的维修养护过程进行监督控制，对维修养护质量进行评价。

3.2　维修养护运行机制

水利工程管理体制是保证水利工程正常运行的前提。由于水的特殊性和水利行业自身的特点，使得水利行业对于市场的依赖程度相对低于其他行业，因此，对市场经济改革的敏感程度也相对低于其他行业。由于水的特殊性，水市场只能是"准市场"，水利工程管理单位不能完全离开财政的支持，不可能完全进入市场，这就要求政府加大对水利行业的扶持力度。这也与市场经济体制下政府主要对公益性事业、基础性事业进行扶持的原则相一致。同时，水利工程管理单位要改变观念，深化改革，能走向市场的一定要走向市场，能走向社会的一定要大力开展社会化服务。

3.2.1　制度环境

中央和省级水利工程维修养护经费投入机制不稳定，市县级水库工程管理单位工程维修养护经费落实不足；水利系统内"重建轻管"的思想依然存在。在思想上，部分干部比较重视工程项目的建设管理，而忽视工程的运行管理；在投入上，基础设施投入多，运行维护投入少；在建设管理上，建设管理执行"三制"（项目法人责任制、招投标制、建设监理制），建立了适应社会主义市场经济要求的管理模式；而在运行管理上，还没有建立起规范的管理模式，定额标准陈旧、管理方式单一、经营方法不规范。"重建轻管"使水库工程管理单位缺乏必要的财力、物力、人力，普遍存在管理条件差、技术落后、水平低等问题，未充分发挥水库效益，影响水利工程长效发挥。

深化水利工程管理体制改革、完善规章制度，是水库工程管养分离得以顺利实施的重要保证，将法制贯穿整个阶段，有效保证工程管理的标准性、科学性，实现高效的现代化管理。

各级政府和有关部门、水行政主管部门要努力创造条件，要把水库工程维修养护业务逐步推向市场，培育维修养护市场主体，规范维修养护市场环境。同时，各级财政部门要根据财政预算足额拨付经核定的水利工程维修养护资金。

各水库工程管理单位要实行公开招投标方式择优确定维修养护企业，使水利工程维修养护走上专业化、法制化和现代化的道路。

此外，水行政主管部门与政府部门之间积极沟通和协调，积极争取有利于体制改革的政策，为水利工程管理单位的改革发展创造良好的制度环境。

（1）创造有利的经营环境。争取国家的扶持政策，积极落实水利资产使用、土地使用、确权划界等工作，积极落实职工养老保险等保险政策，积极开辟融资渠道。

（2）争取有效的价格政策。水价改革是水利改革的核心。水价和水价形成机制是否合理，对水资源的配置和可持续利用有着决定性的影响。低水价不仅不利于水资源的优化配置和可持续利用，而且抑制社会资金投向水利的积极性，阻碍了水利工程的良性运行，严重影响水利工程效益的正常发挥。

（3）争取优惠的税收政策。在财政性资金不能完全满足公益性支出、水价改革不到位的情况下，积极争取有利于开展多种经营的税收优惠政策。

3.2.2　市场环境

水利工程建设管理和市场管理的有机结合是水利工程效益发挥的必要条件。"三分建设，七分管理"之说正是体现了市场管理的重要性。

在水利工程项目的整个生命周期内，水利工程建设管理和市场管理有机结合，实现"建管结合、无缝交接"。这对提高水利工程管理水平、充分发挥水利工程效益具有重要的积极意义。

水库工程维修养护的必然趋势是走市场化道路，需要引导更多水库工程项目和维修养护企业进入市场。水库工程维修养护市场的建立是市场化的基础。本部分内容将在第 4 章进行深入分析。

3.2.3　法制化保障

各项规章制度的建立和完善是工程质量和维修养护质量得以保障、工程管理正常运行、工程效益充分发挥的重要保证。各级水行政主管部门和水库工程管理单位要严格执行有法必依、执法必严、违法必究的基本原则。

3.2.3.1　建立制度化与规范化的管理体系

（1）依法行政，依法管理。省、市、县各级政府和水库工程管理单位应严格执行法律、法规，坚持依法行政、依法管理，做到有法必依、执法必严、违法必究，实现水利工程管理的制度化、规范化，维持正常秩序和水利工程安全，共同构筑一个互惠互利、互相依存、互相支持、彼此融洽的大环境，建立良好的水利管理秩序。

（2）加快配套政策标准建设。加快相关法规、制度、标准的建设，为水库工程效益的充分发挥、维修养护市场的培育和规范运行提供强有力的保障。例如，及时出台《水库工程维修养护市场管理办法》《水库工程维修养护企业资质管理办法》《水库工程维修养护质量检查评定办法》《水库工程维修养护人员职业资格管理办法》《水库工程维修养护工程量计量办法》等配套的法规、标准。

（3）加快市场化机制建设。加强维修养护企业的现代企业管理制度建设。坚决贯彻管养分离，将维修养护业务推向市场，参与竞争，逐步推行维修养护专业化、市场化，建立精简、高效统一的维修养护管理机构和管理模式。

积极进行维修养护市场化的探索，依法实现维修养护业务的计划管理到市场化的转变，实现维修养护由低级、分散、低效的作业方式向机械化、专业化、集约化的作业模式转变。

3.2.3.2 建立规范化的质量保障体系

质量监督与管理保障体系是水库工程正常运行、日常维修养护的依据和准则。

水库工程维修养护实施方案是项目实施、验收的重要依据，是质量监督管理体系中的重要环节。维修养护年度实施方案必须符合各相关法律、法规，结合拟实施工程的实际运行情况，针对主要因素，依据财政经费预算，通过比选论证，最终确定科学合理、切实可行的维修养护实施方案。

（1）加强队伍建设，提高人员素质。维修养护人员的业务素质和工作积极性是维修养护工作质量得以保证的基础。因此，一方面需要通过各种技能培训、竞赛等方式提高维修养护人员的整体业务水平，以适应新形势下维修养护工作需要；另一方面，根据社会经济的发展，解决好职工的后勤保障，并不断加强思想教育，稳定维修养护队伍，提高维修养护人员的工作积极性。

（2）合理安排施工计划，认真进行施工准备。合同签订之后，维修养护公司必须合理安排施工计划，认真进行施工准备，保质保量的全面完成各阶段工程维修养护任务。公司必须牢固树立"工程精细化养护"意识。施工过程中，根据工程施工战线长、项目多的实际情况，将维修养护实施方案细化分解，安排落实到养护队，由养护队按照分工完成各项维修养护任务。

（3）精心组织施工，确保维修养护项目规范化。公司必须按照精细化养护的要求，着重从责任意识、施工质量、文明施工、安全施工等狠抓施工管理。①组织施工管理人员、技术人员等认真学习相关技术标准、规范和法律法规，提高责任意识、质量意识和法律意识；②加强检查、指导、监督力度，及时发现问题，及时纠正问题，做精、做细每一项维修养护工作。

（4）全面推行岗位责任制，完善绩效考核制度。全面推行岗位责任制，进一步完善绩效考核制度，提高维修养护质量。①结合维修养护项目的具体要求，细化并落实维修养护责任，将任务落实到人，明确岗位职责，并在醒目位置设置责任牌；②修订完善绩效考核制度，实行绩效考核，将考核结果与人员工资、奖金、评优、晋级等结合起来，调动人员的工作积极性。

3.2.3.3　建立完善的责任追究制度

按照分级管理的原则，建立完善的责任追究制度。各级政府依法保障本行政区域内水利工程安全，限期消除险情。各级水行政主管部门对辖区内的水库工程的安全运行、资金使用、维修养护等承担监管责任。各维修养护公司承担履行合同义务、保证维修养护质量的责任。出现安全事故的，要依法追究相关人员的责任。

3.2.4　维修养护队伍

吃透改革精神、明确改革目的、落实改革措施、解放思想、更新观念、提高认识、抓好技能培训和思想教育，建设一支高素质、专业化的管理和维修养护队伍。

3.2.4.1　开展多种经营，妥善安置分流人员

水库工程管理单位要遵循中央新时期的治水方针，在确保水利工程安全和充分发挥工程效益的前提下，依托自身资源和技术优势，开展种植、养殖、旅游、餐饮、施工、技术服务等生产性、经营性活动。

通过多种经营活动，对人员进行分流。给予经营性企业一定的优惠政策，鼓励其吸纳分流人员。对具有自谋出路能力和意愿的职工，给予一定的鼓励和支持，帮助他们顺利走向市场。同时，按照有关法律、法规和政策，落实社会保障政策。

3.2.4.2　建立健全岗位培训制度

（1）进一步建立健全维修养护的各项规章制度，落实完善工作责

任制，建立奖罚机制，激发管理养护人员的积极性。

（2）不断加强维修养护管理人员、技术人员的学习培训，建立健全岗位培训制，不断提高人员的自身素质和业务素质。选拔具有水利背景专业的人员，通过公开、公正、公平的招聘，择优录取，竞争上岗，建立自我维持、自我发展的良性运行机制，逐步走上"人管工程、工程养人"的道路。同时，积极使用现代化维修养护设备，减轻工程管理和养护人员的体力劳动，稳定一线职工队伍，逐步走上"数字工管"的道路。

3.3 维修养护工作程序

3.3.1 计划编制

遵循"统筹兼顾、合理安排、严格标准、确保安全"的原则，水库工程管理单位负责编制维修养护计划，并按管理权限逐级申报审批，然后组织实施招投标。

3.3.1.1 编制维修养护计划

维修养护计划的编制依据：工程基本情况、项目类别、工程普查与勘探、水文与防汛、统计资料、维修养护标准与规范和规章制度等基础资料和技术资料。

维修养护计划主要包括工程基本情况、资质要求、上年度计划执行情况、本年度计划编制的指导思想和目标、本年度维修养护项目的名称和内容及工程量、主要工作进度安排、经费预算（包括编制说明、预算表、相关附件）与资金落实、质量要求、工程管理重点、监理与质量监督检查、专项设计、主要措施等内容。

3.3.1.2 计划审批

维修养护计划必须按照隶属关系和管理权限履行计划报批手续。年度维修养护计划审批下达后必须严格执行。如需调整须按原审批程序逐级报批。

维修养护计划申报程序是各地水利部门编制维修养护计划后，于每年 10 月底前将维修养护方案、经费预算等相关材料逐级上报省水利厅。省属水库工程由各管理处直接上报省水利厅。

3.3.2　工作程序

1. 工程基本状况勘查

由水库管理单位负责组织实施工程基本状况勘查。主要包括工程普查、隐患探测等基础性和安全性勘查工作。全面、详细掌握工程及附属设施损坏、残缺、隐患等基本状况，据此科学合理地确定需要维修养护的项目，并计算工作（工程）量。

2. 计划编制与申报

水库工程管理单位对需要进行的维修养护项目，参照相关规范和标准，科学合理地编制维修养护计划，并按照管理权限逐级申报。

对隐患处理、加固、大修等技术含量较高或维护工程量较大的单项维修养护项目，在编制维修养护计划时，必须指出相应的资质要求。

3. 项目审核与审批

各级主管单位对上报的维修养护项目进行认真审核，遵循"统筹兼顾、合理安排、严格标准、确保安全"的原则，合理安排，并逐级报批。

4. 项目招投标

维修养护项目经批准后，水库工程管理单位按照有关规定组织招投标，确定维修养护单位。管理单位和监理单位、维修养护单位分别签订监理合同、维修养护合同。

5. 项目实施

维修养护单位按照合同约定，制定科学合理的维修养护实施方案，遵守维修养护规程、规范与标准，严格工作程序，按照"工程精细化养护"的要求，将维修养护实施方案细化分解，安排落到实处。

6. 质量管理

质量监督机构负责检查督促水库工程管理单位、监理、设计、维修养护单位。按维修养护规程、规范与标准和设计文件实施工程质量监督，对影响工程维修养护质量的行为进行监督检查。

水库工程管理单位和上级主管单位负责对工程维修养护质量进行检查，确保工程维修养护质量。

维修养护单位依据工程维修养护标准、设计文件和合同要求进行维修养护工作，建立质量自检制度，保证维修养护质量。

监理单位依据工程维修养护标准、设计文件和监理合同，对维修养护项目实行"三控制、两管理、一协调"管理。根据维修养护项目的特点采取不同的监理方式，对日常性维修养护项目实行巡回监理，对隐蔽工程、专业性较强的项目实行旁站式监理。

7. 项目验收

已经按合同要求完成并符合验收条件的（专项或阶段）维修养护项目，由水库工程管理单位按照规定的验收程序组织验收。验收结束后，按照技术资料管理规定做好工程技术资料的移交工作。

对验收中发现的问题，维修养护单位须限期整改，水库工程管理单位随时了解整改情况，适时组织复验。

在保修期内，维修养护项目出现质量问题，由维修养护单位承担保修，所需费用由责任方承担。对于严重违反维修养护规程、维修养护存在重大质量问题、截留或挤占或挪用维修养护资金的项目，进行违约追究。

3.3.3 工程验收

水库工程维修养护项目验收工作包括年度验收和专项验收。验收的主要依据是签订的合同、批准的维修养护计划和有关批复文件、有关法律、法规、技术标准等。专项验收还包括设计文件等。水库工程管理单位应对工程的维修养护质量进行不定期检查，检查结果作为验收的重要依据之一。验收工作遵循分级管理的原则，由水库工程管理单位的上级主管单位负责组织。

项目验收管理办法由省级水行政主管部门和财政部门共同制定。验收工作分三个阶段进行：项目单位自验、设区市水利部门会同财政部门组织验收、省级水行政主管部门会同财政部门对设区市验收情况组织抽查验收。验收主要内容包括完成的工程项目及具体工作量、实施过程、工作质量、资金使用管理等。

3.4　维修养护管理办法

建议的维修养护管理办法由总则、计划阶段、实施阶段、验收阶段和责任追究五部分组成。

3.4.1　总则

（1）水库工程维修养护的主要任务是对水库工程进行日常养护、及时修理、维持、恢复或局部改善原有工程面貌，保持工程的设计功能，保证工程的完整和安全运行。

水库工程维修养护项目包括日常维修养护项目和专项维修养护项目。专项维修养护项目是指工程量较大、技术要求较高或使用维修养护金额较大、需要集中维修养护的项目。

（2）水库工程维修养护管理工作实行统一管理和分级管理相结合的模式，建立分级、分层次的管理体系。

（3）水库工程维修养护实行项目管理，分为计划、实施和验收三个阶段。

（4）水库工程维修养护资金管理执行中央财政专项资金有关规定，必须专款专用，不得挪用和挤占。各有关单位和部门要加强维修养护资金的使用管理和监督，确保资金使用安全有效。

（5）各有关单位和部门要积极引进先进的管理手段，大力推广和应用新技术、新材料、新工艺，不断提高水库工程维修养护技术水平。

3.4.2 计划阶段

（1）水库工程维修养护实行年度计划管理制度。

（2）水库工程维修养护年度计划由水库工程管理单位编制。省水利厅工程管理局负责年度计划审批工作，审批工作应在部门预算下达之后一个月内完成，并报水利厅备案。

（3）水库工程维修养护年度计划编制应遵循"实事求是、统筹兼顾、突出重点、确保安全"的原则，以保证工程的正常维修养护和安全运行。

（4）水库工程维修养护年度计划应在工程普查、工程隐患探测、工程测量、观测资料整理分析的基础上，结合经常性检查、定期检查、特殊检查确定维修养护项目和工程（工作）量，依据相关批复文件、技术标准、规章和规范性文件，参照《水利工程维修养护定额标准（试点）》进行编制。

（5）水库工程维修养护年度计划的主要内容为项目名称、项目位置、工程基本情况、上年度计划执行情况、本年度计划编制的指导思想和目标、本年度维修养护项目的名称和内容及工程量、主要工作进度安排、经费预算（包括编制说明、预算表、相关附件）与资金落实、质量要求、工程管理重点、监理与质量监督检查、专项设计、主要措施等内容。专项维修养护项目要按照有关技术标准邀请有资质的设计单位进行设计。

（6）水库工程维修养护年度计划一经审批下达，必须严格执行。确因特殊情况需要调整的维修养护项目，需报原审批机关重新审批，计划调整只有得到批准后方可实施。对涉及工程安全等紧急情况的，应在及时处理的同时将有关情况直接报送工程管理局。

3.4.3　实施阶段

（1）水库工程管理单位对水库工程维修养护实施负总责。

（2）水库工程维修养护实行合同管理制。水库工程管理单位应与设计、监理、维修养护等单位签订相关合同。合同一经签订，必须认真履行合同约定的责任、权利和义务。水库工程管理单位应按照批准的水库工程维修养护年度计划编制维修养护合同工程项目（工作量）清单。禁止将合同全部或部分转包和分包。

（3）水库工程维修养护项目按照规范化、专业化、社会化管理的要求，逐步推行招标投标制。水库工程管理单位招标投标活动或委托维修养护谈判结束后，应形成书面报告，报所属管理局批准后，方可签订维修养护合同。

（4）水库工程维修养护项目中专项维修养护项目实行监理制。水库工程管理单位在履行专项维修养护合同期间，应委托有资质的监理单位进行社会监理，同时签订监理合同，履行合同约定的责任、权利和义务。

（5）水库工程维修养护项目中日常维修养护项目实行考核制度。水库工程管理单位负责组织日常维修养护项目的考核工作，每季度考核不少于一次，考核内容主要依据维修养护合同中要求的维修养护标准和质量标准，对工程（工作）量完成情况和维修养护质量作出评价。

（6）水库工程管理单位应建立健全质量管理体系，并在实施过程中监督检查维修养护单位的质量保证体系和监理单位的质量检查体系落实情况，确保维修养护质量。

（7）水库工程管理单位应与水利工程建设质量与安全监督管理机构签订质量与安全监督书。

水利工程建设质量与安全监督管理机构采用巡查和抽查相结合的方式进行质量与安全监督，并在监理单位或水库工程管理单位对维修养护质量评价的基础上，经现场检验出具维修养护质量评价意见。

（8）水库工程管理单位应建立健全安全生产责任制，建立专门的组织机构，落实人员，责任到人。

水库工程管理单位应严格执行安全生产检查制度，及时掌握维修养护单位安全生产情况（组织机构、人员情况、制度建设与执行情况、医疗工伤保险等），采取有效措施，保证生产安全和人员安全。

（9）水库工程管理单位负责维修养护工作资料的整编归档工作，并对有关单位日常档案管理工作进行监督检查。设计、监理、维修养护等单位应按照合同规定，做好维修养护技术资料的收集、整理、汇总工作，在维修养护项目完成后及时移交相关资料。

3.4.4 验收阶段

（1）水库工程维修养护实行年度验收制度。

（2）年度验收分为日常维修养护项目验收、专项维修养护项目验收、维修养护资金使用验收和维修养护工作资料验收四部分。

日常维修养护项目验收和专项维修养护项目验收主要依据批准的维修养护年度计划、设计文件、合同文件以及水利工程建设质量与安全监督管理机构出具的质量评价意见、有关法律法规和技术标准，核定完成的维修养护工程（工作）量和质量，必要时可对维修养护工程质量进行现场抽查。

维修养护资金使用验收主要依据国家事业单位财务会计制度和中央财政专项资金管理有关规定，由审计部门出具财务审计结论。

维修养护工作资料验收主要依据档案管理有关规定，要求工作资料齐全、分类清楚、内容翔实，符合归档要求。

（3）工程管理局负责专项维修养护项目验收工作、年度验收工作。

在年度验收之前先进行专项维修养护项目验收，在进行专项维修养护项目验收中，同时检查与专项维修养护项目有关的维修养护资金使用情况和维修养护工作资料。

在年度验收时，不再进行专项维修养护项目验收工作，但必须在专项维修养护项目验收中发现的问题处理完毕后，方可进行年度验收。

（4）水库工程管理单位负责验收前的准备工作。工程管理局验收工作组由建设与管理、财务、审计、档案等部门人员组成。

（5）年度验收结束后，工程管理局应及时将年度验收总结报告报送水利厅。

3.4.5　责任追究

（1）水库工程维修养护管理工作按照有关规章制度的规定实行责任追究制。

（2）对于弄虚作假、虚报工程（工作）量、签订虚假合同、骗取国家维修养护资金、授意或者放任维修养护单位违反水利工程维修养护规定、降低维修养护标准与工程质量标准、玩忽职守或其他违法违纪行为，造成安全事故、重大经济损失或不良社会影响的，由所在单位或上级主管机关按照有关规定对相关责任人员给予处理；构成犯罪的，移送司法机关处理。

（3）水库工程管理单位应保证维修养护资料的真实性、完整性。故意隐瞒事实真相、提供虚假资料的，水库工程管理单位负责人承担直接责任，相关单位负责人承担间接责任。

第 4 章

水库工程维修养护市场

4.1　概述

为适应市场经济发展要求，降低水利工程管理成本，提高维修养护水平和工作效率，要积极推行水库工程的管理和维修养护分离，培育维修养护市场，规范市场秩序，逐步走向维修养护的市场化、专业化、法制化、社会化和现代化，充分发挥工程效益。

水库工程维修养护市场化是指将水库工程维修养护工作全面推向市场，建立市场经济运行机制，实现管养分离，提高养护效率。即通过引入市场竞争机制、价格机制、供求机制及激励机制，实现维修养护市场人员、资金、生产设备的合理配置，保证维修养护质量、降低生产成本、提高养护效率，从而推动水利工程事业持续、快速、规范发展。

4.1.1　必要性分析

水库工程的维修养护引入市场竞争机制，走市场化道路，按照市场经济原则建立政企分开、自主经营、自负盈亏、独立核算的法人实体和市场主体，是我国市场经济发展的必然要求。

（1）水库工程维修养护市场化是社会主义市场经济体制建立的需求。作为公共基础设施的水利工程，具有社会属性和商品属性双重职能。市场经济的目标是追求效益最大化，因此，水库工程维修养护既要保证其社会效益，又要保证其经济效益。

水库工程维修养护管理市场化改革就是要把维修养护工作变为社会经济活动中的生产经营活动，培养自主经营、自负盈亏、独立核算的工程维修养护主体，走市场化道路，参与市场竞争。

（2）水库工程维修养护市场化是进一步深化水利工程管理体制改革的要求。建立与市场经济相匹配的维修养护体制，通过市场竞争实现水库工程维修养护的市场化改革。把水库工程的维修养护业务推向市场，由专业化的、具有独立法人地位的养护企业来负责工程的养护维修，对工程实行专业化、合同化管理，实现人员、资金、设备的合理配置，保证维修养护质量、降低生产成本、提高养护效率，从而推动水利工程事业持续、快速、规范发展。

（3）水库工程维修养护市场化是精简水利工程运行管理机构的需要。水库工程的传统维修养护模式是通过设立工程管理单位来承担工程运行、管理和维修养护工作。这种模式已不能很好地适应当前社会经济发展。通过引入市场机制，推行水库工程维修养护市场化运作，进行人员分流，通过购买服务来保证工程效益的正常发挥，无须设置过多的管理机构和人员，这将使水库工程管理机构得到有效精简，大大提高效率。

（4）水库工程维修养护市场化是提高水利工程运行管理专业化水平的需要。水利系统内"重建轻管"的思想依然存在，这使水库工程管理单位缺乏必要的财力、物力、人力，许多地方的水库工程普遍存在管理条件差、技术落后、水平低等问题，尤其是运行管理、维修养护专业技术力量缺乏问题十分突出。虽然大部分地区大中型水库工程和部分重要小型水库工程都设置了专门的管理单位，但多数现有专业管理技术力量十分薄弱。通过市场化改革，可以将维修养护业务交由市场中的专业技术人员完成，这可以有效解决专业人员不足的问题。

4.1.2 可行性分析

（1）商品属性。水库工程具有社会性和商品性双重属性。其社会公益性主要体现在服务功能的基础性、服务对象的公共性和服务效益的社会性。同时，水库工程需要投入人力、物力和财力，其中凝结了无差别的人类劳动，是一种劳动产品，具有使用价值和价值。目前我国修建的水库工程，提供给特定的社会公众使用，同时取得相应的价值补偿，符合商品的基本条件。水库工程的商品属性为水库工程维修养护市场化提供了理论支持。

（2）政策环境。2002 年，国务院批准了《水利工程管理体制改革实施意见》。2004 年，水利部、财政部共同制定了《水利工程管理单位定岗标准（试点）》和《水利工程维修养护定额标准（试点）》。2008 年，水利部制定了《〈水利工程管理考核办法〉及其考核标准》。2014 年，水利部印发了《水利部关于深化水利改革的指导意见》。近年来，部分省份正在尝试制定《水利工程维修养护定额标准》《水利工程维修养护经费使用管理办法》《水利工程维修养护市场管理办法》《水利工程维修养护招投标办法》《水利工程维修养护合同管理制度》《水利工程维修养护单位资质管理办法》等。这些政策文件、规定和办法的颁布实施，为水库工程维修养护的市场运行提供了政策环境。

（3）市场环境。为适应社会主义市场经济体制改革和水利工程不断发展的需要，国家逐步开始了水利工程行业体制改革和体制创新，市场竞争机制被引入到水利工程建设、运行、管理等领域中。这为水库工程维修养护市场化运行提供了可供借鉴的外部市场环境。

水库工程维修养护在市场经济外部大环境和水利工程行业内部改革驱动的双重作用下，逐步走向市场化已成为必然趋势。多年的市场经济改革为水库工程维修养护改革和维修养护市场化运作提供了实践基础。

4.2　维修养护市场化模式

水库工程维修养护市场化模式是水库工程管理单位按照市场规则，通过购买服务的方式将工程的运行管理和维修养护等工作交由市场上的水利工程运行维护企业来承担，同时通过合同管理来确保工程安全运行和效益正常发挥。这种运行模式与传统的水库工程运行维护模式的区别在于引入了市场竞争机制。

在实际操作过程中，水库工程管理单位根据自身条件和工程实际需要，可以将水库工程运行管理和维修养护的全部工作或部分工作交由市场承担。

4.2.1　总体目标

水库工程维修养护市场化模式的总体目标为：坚持产业化发展、多元化投资、市场化运作、企业化经营、社会化服务、规范化管理的改革方向，以"优化资源配置、降低维修养护成本、提高维修养护水平"为目标，积极推行水库工程管养分离，将原维修养护管理部门与生产部门之间的行政计划关系，转变为管理部门、中介机构、企业三者之间的市场合同关系，通过培育市场主体，发展中介机构，规范市场秩序，逐步实现"政府承担、公开竞标、合同管理、评估兑现"的管护模式，使水库工程维修养护走上市场化、专业化、法制化、社会化和现代化的道路，构建由政府、水库工程管理部门、中介机构、维修养护企业四者构成的统一开放、竞争有序的维修养护市场，降低水利工程管理成本，提高维修养护水平和工作效率，充分发挥工程效益。

4.2.2　基本原则

水库工程维修养护市场化过程中必须遵循"建养并重、管养分离、监管到位、体制顺畅、依法保障"的原则。

（1）建养并重。建养并重是指坚持"建设是发展，养护管理也是发展"的指导思想，实现水利的可持续发展。

（2）管养分离。管养分离是指将从事工程养护、修理工作的人员、相关管理人员从现有水库管理单位中分离出来，独立或按区域组建成专业化的、具有独立法人地位的、自主经营、自负盈亏的维修养护企业。

（3）监管到位。监管到位是指政府、水行政主管部门等对维修养护市场准入、质量、招投标、资金等进行监管，保障水库工程维修养护市场健康有序发展。

（4）体制顺畅。水行政主管部门要充分认识到水利工程现行管理体制的弊端，深化改革，建立管理体制和维修养护体制的良性运行机制，为水库工程维修养护市场化的运行提供体制保障。

（5）依法保障。省、市、县各级政府和水库工程管理单位应严格执行法律、法规，坚持依法行政、依法管理，做到有法必依、执法必严、违法必究，实现水利工程管理的制度化、规范化，保证市场化顺利运转。

4.2.3 前提条件

根据维修养护市场化的总体目标，遵循"建养并重、管养分离、监管到位、体制顺畅、依法保障"的原则，构建维修养护运行机制，需要具备下述前提条件：

（1）建立适应市场经济要求的机构。政府是政策、法规的制定者，建立统一开放、规范有序、公平竞争、诚实守信的维修养护市场运行规则。政府部门是监管者，对水库工程维修养护企业和中介机构的市场行为进行监督，保障维修养护市场规范有序进行。政府是利益的协调者，协调各方利益冲突，保障维修养护市场化运作顺利开展。

（2）培养市场主体。培养一定数量的、具有现代企业制度的养护企业，形成地位平等的多个竞争性的专业化、社会化、规模化、法制化的维修养护市场主体体系。

（3）培育中介机构。维修养护市场的中介机构包括质量检测公司、咨询公司、监理公司等，这些公司具有人才、科技力量、研发能力等优势。

（4）建立运行规则。按照有关法律法规研究制定市场准入条件、准入程序，坚持公平、公正、公开原则，实施招投标制度，择优选取维修养护企业。

水库工程管理部门、维修养护企业、中介机构三者之间实行合同制，形成经济合同关系，三者具有均等的地位，合同中明确各自权利、责任和义务。政府部门对水库工程管理部门、维修养护企业、中介机构三者的市场行为进行有效监督，并制定有关政策和规则保障维修养护市场规范、有序运转。最终实现政府、水库工程管理部门、中介机构、维修养护企业四者之间良性互动的市场化运行目标。

4.2.4　管理体系

水库工程维修养护管理体系理论上由水行政主管部门、水库工程管理单位、中介机构、水库工程维修养护企业等四个层级组成。

第一层级是水行政主管部门。按照政事分开、政企分开的原则，水行政主管部门负责对水库工程维修养护企业进行行业管理，负责对水库工程的维修养护和安全运行、资金使用和资产管理进行监督检查，制定水库工程维修养护标准。

第二层级是水库工程管理单位。其负责水库工程的运行管理和对维修养护企业的监督管理，保证工程安全和效益发挥。

第三层级是中介机构。水库工程维修养护市场的中介机构包括质量检测公司、咨询公司、监理公司等。监理公司根据设计文件和维修养护监理合同，指导、监督维修养护企业严格按照标准组织实施维修养护作业，控制维修养护质量，参加项目质量检查和验收工作，并依法承担相应监理责任。

第四层级是水库工程维修养护企业。按照合同约定,合理安排施工计划,认真进行施工准备,保质保量全面完成各阶段工程维修养护任务,切实做好维修养护质量的全过程控制,并向水库工程管理单位提交完整的技术资料。

4.2.5 运行模式

4.2.5.1 招投标制度

招投标制度是建立公平、公正的市场经济竞争环境的有效途径。水库工程维修养护项目实行招标、投标管理制度。水利工程管理单位遵循公开、公平、公正、诚信的原则,通过招投标的方式,择优选择维修养护企业、监理单位。通过推行水库工程维修养护工程招投标制度,可以最大限度地降低维修养护费用,提高维修养护资金有效利用率,解决传统人浮于事、效率低下的问题。

水行政主管部门依法对水库工程维修养护项目的招投标活动进行行政监督;水利工程招投标管理部门具体实施行政监督;水利工程管理单位委托招标代理机构实施招标工作。

水库工程维修养护管理职能和维修养护作业实现分离后,原来维修养护业务的管理部门作为行政管理部门,以甲方业主的身份公开向具有相应资质的维修养护企业进行招标;而分离出来的新成立的维修养护公司则作为乙方参与项目投标。

1. 招标

公益性和准公益性水库工程的运行、维修养护经费的主要来源是财政拨款。因此,必须通过政府采购等公开方式向市场购买维修养护服务。具体可以采取公开招标、邀请招标、竞争性谈判等政府采购监督管理部门认定的采购方式。主要采购方式是公开招标。购买维修养护服务的过程必须严格遵守《中华人民共和国政府采购法》《中华人民共和国招标投标法》等相关法律、法规的规定。招标可分两个阶段进行。

第一阶段：在管养分离的初期，为确保改革的稳步推进，妥善处理改革中的一些历史遗留问题，可以采用行政性手段对区域内的维修养护改制企业进行保护，采用"定向招标""定向议标""定向委托"等方式，确定事改企或管养分开后新组建的维修养护企业承担区域内水库工程维修养护作业。

第二阶段：随着管养分离改革进程的推进，逐步推行公开招标的采购方式。遵循公开、公平、公正、诚信的原则，择优选择维修养护企业、监理单位。

水库工程维修养护工程招标制可以分为标段划分、制定标底、组织招标、签订合同、质量监督和计量支付等六个步骤。

在招标过程中需要注意：维修养护标段的划分应充分考虑维修养护工程类型、结构、已服务年限等；标底制定需要在对维修养护工程项目和工程量进行实地考察的基础上，根据投资能力、工程定额等进行编制，确保标底的经济性、合理性。在确定中标单位后，水利工程管理机构应向维修养护施工单位派驻工程监理，对维修养护施工全过程进行质量监督，根据养护进度和质量支付工程款项。

2. 投标

水库工程维修养护工程投标是指维修养护企业响应招标人公告，编制投标书，对招标文件中提出的条件和具体要求作出回应，然后将投标文件在规定的时间内送达规定的地点，参与维修养护工程项目的竞标过程。

4.2.5.2　经费测算与投入

（1）经费测算。维修养护经费测算是实行管养分离的前期工作。在水库工程维修养护标准、维修养护定额制定后，各级水行政主管部门、水库工程管理单位根据维修养护工程量，测算维修养护经费，作为公开招标或财政投入的依据。

（2）经费投入。严格执行国家相关规定，将一定比例的水利建设基金用于水库工程维修养护，由各级财政统筹安排，确保水库工程维修养护经费落实到位。

工程款由水库工程管理部门按招标合同根据完成的工程量、进度计量支付给维修养护企业。工程款根据阶段性考核情况，经水务局初审，报审计局审核后，由财政局直接拨付给维修养护企业。

4.3 维修养护市场的建立

加快推进水库工程维修养护的市场化进程，形成维修养护的市场化、专业化、制度化、法制化管理机制，整体提升维修养护效率、质量和水平。

4.3.1 总体思路

维修养护市场的建立必须坚持产业化发展、多元化投资、市场化运作、企业化经营、社会化服务、规范化管理的改革方向，以"优化资源配置、降低维修养护成本、提高维修养护水平"为目标，实现"政企分开、管养分离、科学管理、养护提质"，通过公开购买服务的方式，建立适应新形势要求的高效、灵活、开放、公平、竞争的水库工程维修养护市场模式。

4.3.2 基本原则

建立维修养护市场应遵循的基本原则如下：

（1）有利于政府进行宏观调控的原则。水库工程维修养护企业必须遵守行业规定，服从行业管理，承担合同约定的责任和义务。

（2）有利于深化市场化改革的原则。鼓励各种资本进入水库工程维修养护行业，遵循公开、公平、公正的原则，通过服务购买的方式择优确定合作对象，既要降低维修养护成本，提高服务质量，又要保障合作对象有合理的投资收益。

（3）有利于稳步推进、分步实施、平稳过渡的原则。各水行政主管部门要紧密结合实际，依据国家相关法律法规，力求一地一策、一企一策，引导维修养护企业逐步走上市场化、专业化、法制化、社会化和现代化道路。

4.3.3　市场培育

水库工程维修养护的必然趋势是走市场化道路。政府应出台市场化管理的规范性文件，引导更多维修养护企业进入市场。各级水行政主管部门深化水库工程管养分离改革，为更多的维修养护企业进入市场创造基本条件。同时，为维修养护企业提供必要的技术培训和政策支持，使更多的维修养护企业进入市场，并提供优质的维修养护服务，只有这样才能把水库工程维修养护这个市场"蛋糕"真正做大。

1. 政策引导

政府加大宣传力度，出台相关的指导性意见和规范性文件，从政策上、资金上支持维修养护的市场化，鼓励和支持有条件的单位，如施工、监理、设备制造等企业，成立水库工程维修养护企业或兼承水库工程维修养护业务，培育和引导更多的专业化的水库工程维修养护企业和维修养护队伍进入市场。

2. 技术支持与质量保障

成立水库工程维修养护市场的中介机构，包括质量检测公司、技术咨询公司、监理公司等，专门提供水利工程技术咨询服务和质量监督保障。

水库工程维修养护施工的主要内容为日常的维修保养和重点损坏部位的专项维修。但对于水库工程现状的调查、检测、数据采集与分析评价、大中修工程的可行性研究和论证、施工材料的选择和配比、隐蔽工程等项目的规范化和科学化施工等技术含量较高的工作，必须要专业人员参与。水库工程管理部门不可能、也没必要自己拥有这么一支专业门类齐全、人员众多的技术人员队伍。这可以通过市场来配置维修养护过程中需要的各种人力资源。这些人员可以来自水利规划设计院所、水利科研院所、水利大专院校的科技工作者或水利建设单位的工程师等，可以专职、也可以兼职。

　　3. 队伍建设

　　为水库工程维修养护企业创造条件，提供必要的技术培训。加大专业管理和养护人员的培训力度，让参与人员尽快提高技能，打造一支高素质、专业化的管理、维修养护和监督队伍。

4.3.4　市场监督

　　水库工程属于国家基础设施，涉及公共安全，无论采取何种管理模式，保障工程安全都应该是前提，而在市场化管理模式下，企业的能力高低直接决定了工程能否安全运行和正常发挥效益。因此，必须按照分级、分层管理的原则，建立由水行政主管部门、质量监督机构、水库工程管理单位、监理单位组成的分级、分层次监督的监管体系。

　　（1）强化组织管理。水库工程维修养护管理工作由水行政主管部门组织协调，并负责维修养护标段划分、招投标、合同签订、日常监督、检查验收、经费申请等事宜，建立严格的督查制度，加强对维修养护工作的监督、检查和考核。

　　（2）加强技术指导。水行政主管部门加强对维修养护企业的技术指导，督促维修养护企业牢固树立"工程精细化养护"意识，按照相关规范和标准，合理安排施工计划，及时做好维修养护工作，提高维修养护水平。

　　（3）引入第三方监管机制。在水库工程维修养护过程中引入第三方监管机制，以保证监管过程的公平、公正、公开。监管单位根据相关规范和标准，进行巡查，发现问题、发放整改通知并反馈整改落实情况等。

　　（4）建立信誉档案。对维修养护企业进行严格的考核奖惩，并建立信誉档案。维修养护企业在甲方从事维修养护工作的业绩、信誉、实力等作为该公司的信誉档案,上报各级水行政相关部门备案,作为今后企业年检、工程招投标的综合评分依据。

4.4 市场信用体系的建立

加强维修养护市场信用体系建设,实行严格的奖惩体制和准入退出制度,将维修养护企业的市场行为与资格审查和评标挂钩,引导维修养护企业诚实守信,规范维修养护企业的市场行为,构建统一开放、竞争有序、健康稳定的市场秩序。

2009 年 10 月,水利部出台的《水利建设市场主体信用信息管理暂行办法》(水建管〔2009〕496 号)《水利建设市场主体不良行为记录公告暂行办法》(水建管〔2009〕518 号)是推进维修养护市场信用体系建设的突破口,对加强水利建设市场动态监管,转变政府职能,规范维修养护企业行为,预防和遏制腐败现象发生,维护维修养护市场秩序,提升行业整体素质和竞争力,具有十分重要的意义。

信用评价是指依据有关法律、法规和维修养护企业的信用信息,按照规定的标准、程序和方法,对维修养护企业的信用状况进行综合评价,确定其信用等级,并在信用信息平台上向社会公布。各级水行政主管部门和水库工程管理部门在政府采购、行政审批、市场准入、资质管理、评优评奖等工作中,积极采用信用评价结果,对维修养护企业的信用进行分类监管。

4.4.1 基本原则

建立维修养护市场信用体系需要遵循的原则如下:

(1)政府主导,分级推动。充分发挥各级政府的组织、引导、推动和示范作用,自上而下,协同推进维修养护市场信用体系建设。

(2)依法监管,社会共治。坚持政府和市场两手发力,注重发挥市场机制作用，充分发挥法律法规的规范作用、行业组织的自律作用、舆论和社会公众的监督作用，推动维修养护企业自我约束、诚信经营。

（3）统筹安排，分步实施。立足当前、着眼长远、强化顶层设计、提高服务水平，有计划、有步骤地推进维修养护市场信用体系建设。

（4）强化应用，重点突破。在政府采购、行政审批、市场准入、资质管理等重点环节中，积极采用信用评价结果，褒扬诚信、惩戒失信。

（5）公正透明，真实准确。坚持公开、公平、公正的原则，依法依规的发布信息，保护维修养护企业和社会公众的知情权、参与权和监督权。

4.4.2　信用评价

4.4.2.1　评价标准

省级水行政主管部门组织制定维修养护企业的信用评价标准，明确评价指标体系、评分标准等内容。

评价指标包括维修养护企业的综合素质、财务状况、管理水平、市场行为和信用记录。针对不同的评价类型，分别设置不同的评价指标及权重。维修养护企业的信用等级共分为 AAA 级、AA 级、A 级、BBB 级和 CCC 级。

4.4.2.2　评价程序

信用评价工作原则上每年开展 1 次。维修养护企业在向评价机构申请信用评价时，应当提供下述材料：申请表、企业营业执照与资质证书复印件、人员和主要设备等材料、管理制度和质量、安全、环境管理体系认证材料、近 3 年会计师事务所出具的审计报告、近 3 年维修养护项目业绩、近 3 年信用评价等相关证明材料。

评价机构成立信用评价委员会，组织专家组，按照评价标准计算信用评价分值，提出初评意见。在评价时，评价机构可根据需要对申请者进行现场调查核实。然后，将维修养护企业的信用评价初评意见在信用信息平台进行公示，接受社会监督。对初评意见有异议的，应在公示期满前，书面提出异议复核申请。评价机构将维修养护企业的信用评价结果提交水行政主管部门，在门户网站和市场信用信息平台上发布。

4.4.2.3　动态管理

维修养护企业的信用评价结果有效期为 3 年。3 年期满后，维修养护企业应重新申请信用评价。维修养护企业在取得信用等级 1 年后，可申请信用等级升级。

评价机构应对维修养护企业的不良行为记录定期进行汇总，每年对有不良行为记录的维修养护企业进行复评，重新核定其信用等级。

信用评价实行一票否决制。凡发生严重失信行为的，其信用等级一律为 CCC 级。

4.4.2.4　监督管理

各级水行政主管部门结合本地实际，制定本地区统一的维修养护企业信用信息管理办法，对维修养护企业的信用进行分类监管，建立诚信红黑名单制度、守信激励和失信惩戒机制。

1. 对守信企业实施信用激励机制

将维修养护企业的信用评价结果作为资格审查、评标和合同签订等环节的重要依据。

对信用等级为 AAA 级的维修养护企业，列入诚信红名单，给予重点支持。

对信用等级为 AA 级的维修养护企业，给予资质晋升的优先支持、评优评奖活动的优先考虑。

对信用等级为 A 级的维修养护企业，在行政审批、市场准入等环节中，给予优先办理，并简化其审核程序、减少日常监督检查频次。

2. 对失信市场主体实施失信惩戒机制

对信用等级为 CCC 级的维修养护企业，在一定期限内禁止其资质升级和增项，在招标投标活动中的信用等级评分为 0，在日常监督检查中，重点监管，并增加检查频次，限制参加评优评奖活动。

对存在严重失信行为的维修养护企业，列入失信黑名单，实行市场禁入。

4.4.3 市场信用体系

4.4.3.1 加快信用信息系统建设

（1）推进信用信息标准化。建立以组织机构代码为基础、统一规范的维修养护企业信用信息标准，对维修养护企业的基本信息、良好行为记录信息、不良行为记录信息等内容和标识建立标准化数据库。

（2）加快信用信息平台建设。结合政务信息化工程建设，加快信用信息平台建设，健全信用信息平台数据库，完善信用信息征集系统、信用信息公示系统、信用信息查询系统和信用信息管理系统。

（3）建立信用信息共享机制。加快信用信息平台的互联互通，完善信用信息数据交换系统，实现平台数据的即时交换。同时拓宽信用信息查询渠道，与发展改革、工商、税务、公安等部门进行数据交换共享，与招标投标公共服务平台实现信用信息共享。

4.4.3.2 完善维修养护企业信用记录

（1）健全信用档案。建立和完善维修养护企业信用档案，实现信用记录的全覆盖和数字化存储。

（2）规范不良行为信息记录。按照有关法律法规和《水利建设市场主体不良行为记录公告暂行办法》（水建管〔2009〕518 号）要求，各级水行政主管部门将维修养护企业的不良行为进行记录，并通过信用信息公示系统向社会公开，同时记入其信用档案。

（3）实行信用信息社会监督。除涉及国家机密、商业秘密、个人隐私的信息外，维修养护企业的信用档案向社会公开，接受社会监督。各级水行政主管部门可对维修养护企业的信用档案进行随机抽查。任何单位和个人发现维修养护企业信用信息虚假的，可向水行政主管部门举报。

4.4.3.3　加大信息公开力度

（1）公开企业信用信息。按照《中华人民共和国政府信息公开条例》要求，各级水行政主管部门依托政府网站或部门网站，设立维修养护领域项目信息和企业信用信息公开共享专栏，建立信用信息发布制度，依法公开维修养护企业信用信息。

（2）公开维修养护项目信息。按照《水利工程建设领域项目信息公开基本指导目录（试行）》要求，各级水行政主管部门、水库工程管理单位应依法及时、准确、规范地公开维修养护项目信息。

（3）公开严重失信行为信息。加大维修养护企业失信行为的曝光力度。依法及时、准确、规范地公开维修养护企业出借或借用资质证书进行投标或承接工程、围标、串标、违法转包或分包、行贿或受贿违法记录等严重失信行为。

4.4.3.4　推广使用信用信息

（1）主动查询信用信息。各级水行政主管部门、水库工程管理单位在行政管理、市场监管、公共服务等活动中，依托信用信息平台，直接查阅维修养护企业的信用记录。

（2）积极应用信用评价结果。

各级水行政主管部门、水库工程管理部门在政府采购、行政审批、市场准入、资质管理、评优评奖等工作中，将维修养护企业的信用评价结果作为重要参考。

尚未进行信用评价的维修养护企业，其信用等级视为BBB级；但未在信用信息平台中建立信用档案的维修养护企业，其信用等级视为CCC级。两个或者两个以上市场主体组成联合体投标时，按联合体中信用等级低的维修养护企业信用等级作为联合体的信用等级。

4.5　维修养护企业的建立

水库工程维修养护企业（公司）是以市场需求为导向，按照现代企业制度组建的、产权清晰、权责明确、政企分开、独立核算、自负盈亏的新型企业。水库工程维修养护企业（公司）不再是水利工程建设单位下属的水库工程管理单位。

4.5.1　组建形式

水库工程维修养护企业（公司）的组建形式主要有以下几种。

1. 通过管养分离的方式组建维修养护企业

这种方式主要是指将辖区内部，将从事工程养护、修理工作的人员、相关管理人员和维修养护经费从水库工程管理单位中分离出来，独立或联合组建具有独立法人资格的维修养护公司、实业公司、物业管理公司等专业化维修养护企业。

维修养护企业主要承担原单位或其他相关工程及设备的维修养护。水库工程管理单位对维修养护项目实行合同管理。水库工程管理单位可以先给予维修养护企业资金上的扶持，然后逐步将工程维修养护业务从所属水库工程管理单位彻底剥离出来，推向市场，使水库工程维修养护走上市场化、专业化、法制化、社会化和现代化的道路。

这种方式的优点在于一方面各维修养护队伍熟悉水库工程维修养护技术，在维修养护管理上有一定的经验，在维修养护业务培训方面不需要过多投入；另一方面可充分利用原有设施，减少设备资金投入，提高机械设备的利用率。

2. 利用民间资本组建民营化维修养护企业

这种方式主要是指允许民间资本进入维修养护市场，利用民间闲置资金成立专业化的水库工程维修养护企业。这种组建方式既没有现成的设备可以使用，也没有现成的技术可以使用，全部从零开始。

水利工程维修养护项目种类繁多，同时，随着维修养护技术的发展，很多新工艺、新设备不断更新投入到维修养护项目中来。民营维修养护企业具有负担小、技术专业、经营方式灵活等优势，往往拥有一种或数种专业机械设备，可以按市场需求投入人力、物力。

3. 由水利工程施工企业组建维修养护企业

这种方式主要是指在水库建设过程中，由水利工程建设施工企业独立或联合组建具有独立法人资格的专业化维修养护企业。

各水利工程施工企业按其投资额的多少来决定其在新组建的维修养护企业中的地位和作用。这种方式不仅可以充分利用现有资源，将已有的先进设备投入到维修养护作业中，避免设备的闲置浪费，而且有利于充分利用现有技术，提高维修养护质量。

这种方式的优点在于水利工程施工企业熟悉水库工程的整个建设过程，也熟悉水库工程运行过程中可能会出现问题的地方。这样，由水利工程施工企业进行维修养护，自然能确保维修养护水平。

4.5.2　组建条件

水库工程维修养护企业（公司）是以市场需求为导向，按照现代企业制度组建的企业，维修养护企业的组建必须满足一定的条件。

4.5.2.1　基本条件

现代企业制度是指以市场经济为基础，以法人制度为主体，以有限责任制度为核心，以公司企业为主要形式的新型企业制度。按照现代企业制度组建的水库工程维修养护企业（公司）需要满足下述基本条件。

1. 独立法人制度

水库工程维修养护企业作为独立的民事主体，独立拥有自己的注册资金、养护设备、技术人员和资金调配权、人事管理权等，自主对外开展经营活动，独立享有民事权利和承担民事义务。

水库工程维修养护企业必须建立符合我国市场经济规律的企业组织管理制度，即建立包括股东会、董事会、监事会、经理层的公司法人治理结构。

水库工程维修养护企业和水库工程管理单位之间不再是隶属关系，而是两个完全平等的主体，双方只能按照等价有偿、自愿互利的原则形成民事法律关系。

2. 专业承包资质

很多水库工程维修养护项目具有很强的专业性，因此，参加维修养护项目招投标的企业必须具有一定的专业承包资质。

3. 维修养护设备齐全、技术先进

很多水库工程维修养护内容繁多，每一个大类项目中又包括很多小类项目，因此，需要维修养护企业具有成套的、与承担维修养护任务相匹配的机械设备，以适应不同维修养护内容的不同需求。同时，水库工程维修养护作业又是一项专业性很强的技术密集型工作。维修养护企业只有具备专业的检测技术、诊断技术及先进的维修养护技术，才能在养护市场上具有一定的竞争力。

4.5.2.2 承担各类工程项目的条件

承担各类水库工程的维修养护项目的条件如下：

(1) 注册资本金 200 万元以上，企业净资产 1000 万元以上。

(2) 企业具有职称的工程技术和经济管理人员不少于 30 人，其中工程技术人员不少于 20 人；工程技术人员中，具有高级职称的人员不少于 3 人，具有水利及相关专业中级职称的人员不少于 10 人。总工程师具有 10 年以上从事水利工程维修养护的工作经历并具有水利及相关专业中级以上职称；总会计师和总经济师具有相应专业的中级以上职称。

企业具有与所承担工程相应专业的项目经理不少于 10 人，其中一级资质项目经理不少于 4 人，80% 以上的部门经理、工作人员取得与所承担工程相应专业的从业人员岗位证书。

(3) 承担过以下水利工程中主体工程或主要设备 4 项以上，且维修养护质量合格的：设计流量 150m³/s 或装机容量 15000kW 以上的泵站；110kV 电压等级变电站；设计流量 3000m³/s 以上的水闸；200t 级以上船闸或套闸；Ⅰ级堤防长度 30km 以上；河道整治工程 4 处以上；水库库容 10 亿 m³ 以上或坝高 80m 以上。

（4）具有健全的企业管理制度和符合国家规定的财务管理制度。建立企业信用档案系统，有优良的经营管理业绩。

（5）已经具有水利水电工程施工总承包资质的企业可直接参加水库工程维修养护招投标，承担各类水库工程维修养护作业。

4.5.2.3　承担一级以下工程项目的条件

承担一级以下水库工程的维修养护项目的条件如下：

（1）注册资本金 100 万元以上，企业净资产 200 万元以上。

（2）企业具有职称的工程技术和经济管理人员不少于 15 人，其中工程技术人员不少于 10 人；工程技术人员中，具有相关专业高级职称的人员不少于 2 人，具有水利及相关专业中级职称的人员不少于 5 人。总工程师具有 6 年以上从事水利工程维修养护的工作经历并具有水利及相关专业中级以上职称；总会计师具有中级以上会计职称。

企业具有与所承担工程相应专业的项目经理不少于 6 人，其中二级资质以上的项目经理不少于 3 人，70% 以上的部门经理、工作人员取得与所承担工程相应专业的从业人员岗位证书。

（3）5 年内承担过以下水利工程中主体工程或主要设备 4 项以上，且维修养护质量合格的：设计流量 50m³/s 或装机容量 5000kW 以上的泵站；25kV 电压等级变电站；设计流量 500m³/s 以上的水闸；100t 级以上船闸或套闸；Ⅰ级堤防长度 10km 以上，或Ⅱ级堤防长度 15km 以上；干流河道整治工程 1 处以上，或支流河道整治工程 2 处以上；水库库容 5000 万 m³ 以上或坝高 30m 以上。

（4）具有健全的企业管理制度和符合国家规定的财务管理制度。建立企业信用档案系统，有优良的经营管理业绩。

4.5.2.4　承担二级以下工程项目的条件

承担二级以下水库工程的维修养护项目的条件如下：

（1）注册资本金 30 万元以上，企业净资产 60 万元以上。

（2）企业具有职称的工程技术和经济管理人员不少于 6 人，其中工程技术人员不少于 4 人；工程技术人员中，具有相关专业高级职称的人员不少于1人，具有水利及相关专业中级职称的人员不少于2人。总工程师具有6年以上从事水利工程维修养护的工作经历并具有水利及相关专业中级职称；总会计师具有中级以上会计职称。

企业具有与所承包工程相应专业三级资质以上的项目经理不少于3人，70%以上的部门经理、工作人员取得与所承包工程相应专业的从业人员岗位证书。

（3）5年内承担过以下水利工程中主体工程或主要设备4项以上，且维修养护质量合格的：设计流量25m³/s或装机容量2500kW以上的泵站1座，或设计流量5m³/s或装机容量500kW以上的泵站2座；10kV及以上电压等级变电站1座；设计流量50m³/s以上的水闸1座，或设计流量10m³/s以上的水闸2座；50t级以上船闸或套闸1座，或50t级以下船闸或套闸2座；Ⅱ级堤防长度15km以上；支流河道整治工程2处以上；水库库容50万m³以上。

（4）具有健全的企业管理制度和符合国家规定的财务管理制度。建立企业信用档案系统，有优良的经营管理业绩。

4.5.2.5　其他维修项目的承担条件

承担水库工程白蚁防治的企业，必须具有相关资质。白蚁防治人员必须具备相应的专业知识和技能，主要技术人员应持证上岗，负责人应具有相应工作经验。

承担水库工程内诸如电梯、起重机械、机动车辆、防爆电气设备等特种设备维修养护的企业，必须具有《特种设备安装改造维修许可证》和相关资质，并在许可的范围内从事相应工作。

4.5.3　申请和认定

1. 申请

申请认定水库工程维修养护的企业，须提交《水库工程维修养护企业认定申报表》，同时提供相关证明资料，例如营业执照、税务登记证、组织机构代码证、法定代表人和技术负责人与财务负责人的任职文件、专业技术人员职称（资格）证书、劳动合同以及社保证明、技术负责人工作经历证明、企业上一年度财务报表、维修养护设备证明、其他有关材料等。

2. 认定

各级水行政主管部门安排时间集中受理企业申请。资格在本辖区范围内有效，均可从事资格范围内的水库工程维修养护作业。进入本辖区水库工程维修养护企业名录，同时报上级主管部门备案。

水库工程一级维修养护企业由设区市的市级水行政主管部门认定。水库工程二级维修养护企业由县（市、区）级水行政主管部门进行认定。省外企业、省级企业可直接向拟承担水库工程维修养护项目的设区市的市级水行政主管部门申请认定。

4.5.4　动态管理

对水库工程维修养护企业的认定实行动态管理。每次认定的有效期为3年，各级水行政主管部门每年依托信用信息平台，对维修养护企业的信用记录进行年度审验。

已通过认定并在有效期内的水库工程维修养护企业，如果发生分立、合并、名称与法定代表人变更等事项，应申请办理资格变更手续。如果发生企业破产或因其他原因终止业务，应办理资格注销手续。

4.6　保障措施

水库工程维修养护的市场化模式与计划经济模式相比有很多优越性，但走市场化道路不是简单的"行政命令"就可以完成的，必须立足现有事实，通过法律、行政、经济等手段，根据市场经济发展规律，通过引导、督促、监控等方式，逐步建立和完善市场机制，形成适应新形势要求的高效、灵活、开放、公平、竞争的水库工程维修养护市场模式。

4.6.1 政府职能

在我国社会主义市场经济体制中，政府扮演的是以宏观调控为手段、确保市场经济按照正确方向发展和遵循市场规律的角色。水库工程维修养护市场化的过程，政府职能也是由原先的主导控制向宏观调控转变的过程。

水行政主管部门代表政府具体实施对水利工程的行业管理，最终形成宏观调控、专业机构管理、企业自主经营、市场有效竞争、集中统一行政的水利工程管理体制。水库工程维修养护市场化运营后，水库工程的公共服务职能被弱化，作为市场参与主体，追求利润的职能被强化；但水库工程的公共产品属性并没有发生变化，因而，公共服务职能需要通过政府宏观调控的手段来实现。这就依赖于政府建立完善的监管体系和科学的决策机制，以"市场选择"代替"政府失灵"，以"政府监管调控"弥补"市场失灵"。

4.6.2 政策法规

（1）建立和完善相关法律法规。水库工程维修养护市场必须遵循以法律、法规、行业规范等为前提的市场经济运行规则。已颁布的《中华人民共和国合同法》对承包合同管理作了明文规定。但关于水库工程维修养护的法律、法规、行业规范还远远不够，例如维修养护企业进入市场的资格、维修养护工程招投标规则等；还需要更多符合实际需要的水利法规、政府规章、经济技术标准等规范性文件，这样才能使维修养护逐步走上规范化、法制化的道路。

（2）健全维修养护质量监督机制。在实现管养分离后，水库工程管理单位在生产和监督上不再自己给自己当裁判，而应专设一个质量监督机构，由专门人员依据相关法律法规通过合同的方式对维修养护质量进行监督检查。监督人员的人事关系与维修养护企业之间是彻底分开的。

（3）建立全方位绩效评价制度。为确保维修养护工作的规范性，建立全方位绩效评价体系，开展不定期监督和定期考核工作，通过巡回监督、驻地监督等方式对维修养护工作进行考核。

各级水行政主管部门、水库工程管理单位要维修养护企业的施工过程实施全过程监管，建立维修养护质量监管目标责任制，确保维修养护企业按照合同和相关标准实施养护。维修养护结束后，及时组织验收，评定维修养护结果。

（4）加强资金的使用监管。通过充分的市场竞争，使管理先进、成本控制有效、服务质量高的维修养护企业成为服务的提供商。同时，政府在资金的使用流程上进行监管。制定相关规定、办法，明确维修养护资金的使用范围、预算的编制程序、资金使用的考核方式、资金的拨付方式、结余资金的管理与使用等，把水库工程维修养护资金纳入规范化、法制化、效率化管理轨道。

（5）给予维修养护企业一定的优惠政策。无论是通过管养分离的方式，还是利用民间资本或是由水利工程施工企业组建的维修养护企业，在公司成立之初进入市场时，可以在一定时间范围内，政府通过行业指导下的不完全竞争、一定的税收优惠政策，扶持维修养护企业逐步走向市场。

（6）制定合理的培训制度。政府和企业不断加强维修养护管理人员、技术人员的学习培训，建立健全岗位培训制，强化实践考核，不断提高人员的自身素质和业务素质。

4.6.3　竞争机制

引入竞争机制可以充分发挥维修养护企业的积极主动性，提高水库工程维修养护水平。为确保竞争机制合理有效，应做到市场信息透明化、招标制度规范化。

（1）市场信息透明化。公平竞争是市场机制的核心。应及时公开水库工程维修养护的相关信息，建立信息的公布制度，确保市场参与各方的公平、有效。

（2）招标制度规范化。依据《中华人民共和国招标投标法》严格规范招投标流程。政府加强监督管理，对违法者坚决查处，创造良好和稳定的法律运行环境。

4.6.4　社会保障

建立完善的社会保障体系是保证改革稳定发展的重要措施。水库工程维修养护实行市场化改革后，通过管养分离的方式组建维修养护企业后，企业为了提高效率，采用先进的维修养护机械设备和管理手段，需要的人员数量就会减少，从而导致部分人员被迫失业，这部分维修养护人员由于技术和知识比较单一，失业后将很难获得再就业机会。因此完善水库工程维修养护职工的社会保障工作是养护市场化的必要条件，特别是失业保险、养老保险和社会医疗保险等和职工切身利益息息相关的保障措施。

同时，通过开展多种经营，积极吸收分流人员，通过对失业员工进行再就业培训，充分发挥维修养护工作人员的技能优势，妥善解决好职工切身利益，更快、更好地实现水库工程维修养护市场化改革。

第5章

维修养护企业运行机制

5.1 概述

水库工程的维修养护要逐步走向维修养护的市场化、专业化、法制化、社会化和现代化，并不断降低工程运行成本，提高管理水平，充分发挥工程效益。根据《中华人民共和国水法》《中共中央 国务院关于加强水利改革发展的决定》（中发〔2011〕1 号）、《关于鼓励和引导社会资本参与重大水利工程建设运营的实施意见》（发改农经〔2015〕488 号）等相关法律、文件要求，结合实际，在水库工程维修养护工作中建立企业准入、绩效评价与退出机制。

5.2 准入机制

5.2.1 准入范围

根据《水利工程维修养护定额标准（试点）》，水库工程维修养护企业可以从事水库主体工程维修养护、闸门维修养护、启闭机维修养护、机电设备维修养护、附属设施维修养护、物料动力消耗、自动控制设施维修养护、大坝电梯维修、门式启闭机定期维修、检修闸门维修、白蚁防治、通风机维修养护和自备发电机组维修养护。

（1）主体工程维修养护包括混凝土空蚀、剥蚀、磨损及裂缝处理、坝下防冲工程维修、土石坝护坡工程维修、金属件防腐维修、观测设施维修养护。

（2）闸门维修养护内容包括闸门表层损坏处理、止水更换、行走支承装置维修养护。

（3）启闭机维修养护内容包括机体表面防腐处理、钢丝绳维修养护、传（制）动系统维修养护。

（4）机电设备维修养护内容包括电动机维修养护、操作系统维修养护、配电设施维修养护、输变电系统维修养护、避雷设施维修养护。

（5）附属设施维修养护内容包括机房及管理房维修养护、坝区绿化、围墙护栏维修养护。

（6）物料动力消耗内容包括水库维修养护消耗的电力、柴油、机油、黄油。

5.2.2　准入条件

为进一步加强水利行业管理，规范水库工程维修养护投资行为，防止盲目投资和低水平工程管理，引导产业合理发展，保障水库工程维修养护质量安全，促进行业健康有序发展，根据有关法律法规和政策文件要求，企业准入必须具备一定的基本条件；详见本书"4.5维修养护企业的建立"。

5.2.3　准入程序

1. 维修养护企业的选择

水库工程维修养护项目实行招标投标管理制度。

水库工程管理单位遵循公开、公平、公正、诚信的原则，委托招标代理机构，通过招投标方式，择优选择维修养护企业、监理单位。

水行政主管部门依法对水库工程维修养护项目的招投标活动进行行政监督，各级水利工程招投标管理部门具体实施。

2. 维修养护合同管理

水库工程维修养护过程实行合同管理。同时，应将合同副本送上级主管单位备案。

水库工程管理单位与维修养护企业之间签订维修养护合同。水行政主管部门依法制定标准合同文件范本；合同文件包括通用合同条款、专用合同条款、技术条款和组成合同的其他文件；范本中明确维修养护质量、进度、资金拨付、保修、双方的义务和责任、财务规定、索赔等基本条款；同时，对维修养护技术资料的内容、质量及移交工作作出明确要求。

5.2.4　监督管理

（1）质量监管体系。水库工程属于国家基础设施。因此，必须按照分级、分层管理的原则，建立由水行政主管部门、质量监督机构、水库工程管理单位、监理单位组成的分级、分层次监督的监管体系。

（2）质量监督管理体制。水库工程维修养护项目的质量实行水库工程管理单位负责、监理单位控制、维修养护企业保证、质量监督机构监督相结合的质量监督管理体制。

5.3　绩效评价机制

绩效评价是指运用绩效评价指标对水库工程维修养护企业的投入、维修养护过程和产出的经济性、效率性和效果性进行评价。

5.3.1　基本原则

水库工程维修养护企业的绩效评价应遵循下述原则：

（1）相关性原则。相关性原则是指标设计应当与企业设定的战略经营管理目标、创新能力的评价、收入和支出的评价相关。

（2）全面性原则。绩效评价指标体系是由多种因素综合作用而组成的一个有机整体，因此指标体系应当能够全面、系统地对企业绩效进行评价。

（3）成本效益原则。在指标体系设计过程中，有的评价指标虽然能够充分反映企业绩效，但如果在收集该指标数据的过程中，需要耗费的成本大于其所能带来的效益时，则可以选择使用其他成本相对较低的指标进行替代，以保证成本效益的最大化。

（4）重要性原则。过分强调指标体系的全面性会使得企业绩效评价指标体系的设计变得模糊不清，很难分清主次，导致过于全面反而不利于评价。因此，在评价指标体系的设计过程中，应充分考虑选择那些能反映企业核心竞争力的相对重要的组成方面，而不是所有与企业绩效有关系的方面。

（5）可操作性原则。在评价指标体系的设计过程中，应充分考虑到所选择的指标的可操作性，这是评价指标体系得以成功应用的关键。

（6）可控制性原则。可控制性原则是指所设计的各评价指标均应当能够为企业所控制，这些企业能够控制的因素还应当不易受其他企业的影响，如果有容易受到其他企业影响的因素，则需要予以剔除。

（7）相对稳定性原则。在未来执行、使用的时期内应当具备一定的相对稳定性，这样既有利于企业绩效评价不同期间的可比性，也有利于企业绩效评价指标体系的不断补充、完善和发展。

（8）简洁性原则。简洁性不仅能够保证评价指标的稳定性，而且还便于分别从横向和纵向对企业绩效进行评价、比较。

5.3.2 评价指标体系

随着社会经济的不断发展，构成企业经营绩效的基本要素也在不断地发展和变化。目前的主流趋势是，大多数企业的经营目标已经从一味地追求利润最大化向注重企业全面发展和企业价值提高的方向转变。为了适应多元化经济和科学技术的快速发展，企业管理的重心也经历着由过去的以成本管理为主，向知识管理、价值管理和信息管理发展的转变。因此，企业绩效评价指标体系的设计必须与时俱进，与发展趋势相适应。

借鉴现代企业绩效评价方法，水库工程维修养护企业绩效评价指标体系的设置，需要从以下三个方面入手：①既要改变原有指标体系中不合理的地方，又要尽量保持企业绩效评价指标之间的连续性；②既要提高对企业经营状况客观、真实反映的能力，又要提高评价指标的使用效率；③既要帮助企业全面考核绩效，又要为企业能在激烈的市场竞争中持续、健康、稳定地发展提供依据。因此，水库工程维修养护企业绩效评价指标体系的设计是在吸收、借鉴前人研究并充分结合维修养护企业自身的战略经营、竞争优势、行业和经营特点等建立的。

水库工程维修养护企业绩效评价指标体系主要由财务维度、员工维度、创新维度、客户维度和业务维度等五个维度构成。

1. 财务维度指标

财务维度指标包含了财务能力评价和维修养护资金绩效评价两个层面。其中，在财务能力评价层面中，包含了 4 个二级指标和 23 个三级指标。在维修养护资金绩效评价层面中，包含了 5 个二级指标和 21 个三级指标，具体指标见表 5.1。

表 5.1　　　　　财 务 维 度 指 标

一级指标	二级指标	三级指标
财务能力评价	盈利能力	净资产收益率
		总资产报酬率
		成本费用利润率
		主营业务利润率
		销售现金比率
		净利润现金比率
		全部资产现金回收率

续表

一级指标	二级指标	三级指标
财务能力评价	资产营运能力	总资产周转率
		流动资产周转率
		应收账款周转率
		固定资产周转率
		不良资产比率
	偿债能力	资产负债率
		现金流动负债比率
		已获利息倍数
		速动比率
		现金债务总额比
	发展能力	主营业务收入增长率
		主营业务利润增长率
		总资产增长率
		净资产增长率
		经营活动现金净流量增长率
		资本积累率
维修养护资金绩效评价	资金预算指标	总投资成本变化率
		材料成本变化率
		人工成本变化率
		资金预算申报变化率
		资金预算批复变化率
	资金使用指标	资金使用决策指标
		专项维护资金比率
		日常维护资金比率
		资金管理制度执行情况
		资金违纪率
		一线职工工资比率
		直接材料总额比率

续表

一级指标	二级指标	三级指标
维修养护资金绩效评价	资金拨付指标	资金按时拨付率
		资金过期拨付率
		资金到位率
		资金闲置率
	资金结算指标	资金超预算率
		预算资金闲置率
		资金结算率
		资金挤占挪用率
	资金监督指标	资金使用的监督指标

2. 员工维度指标

员工维度评价包含管理层素质、员工素质和团队学习三个层面。其中，在管理层素质层面中，包含了 1 个二级指标和 3 个三级指标。在员工素质层面中，包含了 2 个二级指标和 5 个三级指标，在团队学习层面中，包含了 1 个二级指标和 2 个三级指标，具体指标见表 5.2。

表 5.2　　　　　　　员 工 维 度 指 标

一级指标	二级指标	三级指标
管理层素质	管理层能力	知识结构
		管理协调沟通能力
		岗位技能培训完成率
员工素质	员工能力	员工沟通合作能力
		员工创新能力
		岗位技能培训完成率
	员工保持	技术员工流失率
		员工满意度
团队学习	员工团队学习	员工组织建设
		学习型组织建设

3. 创新维度指标

创新评价是指通过对企业创新投入到产出的完整过程的跟踪，全方位、多角度地衡量及测算企业创新能力。

创新维度指标包括技术创新能力和管理创新能力两个层面。其中，在技术创新能力层面中，包含了 2 个二级指标和 5 个三级指标。在管理创新能力层面中，包含了 3 个二级指标和 6 个三级指标，具体指标见表 5.3。

表 5.3 创 新 维 度 指 标

一级指标	二级指标	三 级 指 标
技术创新能力	技术投入	研发人员比率
		人均研发费用
		研发投入比率
	研发产出	专利技术数量
		技术领先程度
管理创新能力	战略规划管理	战略规划编制通过率
		战略项目进度控制
	员工参与管理	合理化建议采纳率
		管理咨询方案使用者满意度
	信息传递	企业信息披露程度和信息反馈时间
		信息与沟通评价

4. 客户维度指标

客户是企业的生命根基。客户维度指标包括客户满意情况评价和其他利益相关者两个层面。其中，在客户满意情况评价层面中，包含了 2 个二级指标和 5 个三级指标。在其他利益相关者层面中，包含了 1 个二级指标和 2 个三级指标，具体指标见表 5.4。

5. 业务维度指标

业务维度指标包括维修养护工程绩效评价和合同管理评价两个层面。其中，在维修养护工程绩效评价层面中，包含了 2 个二级指标和

18 个三级指标。在合同管理评价层面中，包含了 2 个二级指标和 5 个三级指标，具体指标见表 5.5。

表 5.4 **客 户 维 度 指 标**

一级指标	二级指标	三 级 指 标
客户满意情况评价	客户满意情况	客户满意度
		客户投诉率
	工程完成评价	工程合格率
		优质工程率
		项目完工走访率
其他利益相关者	综合社会贡献评价	社会贡献率
		社会积累率

表 5.5 **业 务 维 度 指 标**

一级指标	一级指标	二 级 指 标
维修养护工程绩效评价	日常维护	日常养护工程率
		工作量变化率
		成本降低率
		设备利用率
		事故率
		劳务成本效率变化率
		管理成本效率变化率
		工期提前率
		资产损失率
	专项维护	专项养护工程率
		工作量变化率
		成本降低率
		设备利用率
		事故率
		劳务成本效率变化率

续表

一级指标	一级指标	二级指标
维修养护工程 绩效评价	专项维护	管理成本效率变化率
		工期提前率
		资产损失率
合同管理评价	合同签订	合同定价变化率
		人工单位成本变化率
		机械单位成本变化率
		新增合同增长率
	合同执行	合同执行状况

5.3.3 评价方法

常用的绩效评价方法有统计分析法、趋势预测法、标杆法、成本效益分析法、比较法、因素分析法和公众评判法。

1. 统计分析法

统计分析法是指通过对企业经营活动的相关数据进行一系列的计算、分析、比较获得绩效评价的相关数据，完成对企业绩效评价的方法。该方法的具体应用方法包括比较分析法、数量分析法、指标评分法、图表测评法等。该方法使用较为简单、工作量少，是目前广泛使用的评价方法。

水库工程维修养护企业应在充分考虑该方法局限性的基础上，运用该方法结合调查法所获取的企业的各种数据及资料进行统计、计算和分析，形成定量的结论，以便进一步进行绩效评价分析。

2. 趋势预测法

趋势预测法是指利用较长期的历史资料和数据，运用时间序列分析和回归分析等对趋势进行预测的方法，对研究对象的走势作出推测、判断的方法。该方法是根据研究对象的变化历史预测未来的发展趋势。

水库工程维修养护企业运用趋势预测法实施绩效评价时，不仅需要考虑企业经营活动所带来的现时收益，更要关注其长远发展趋势所带来的未来利益，根据经营活动的发展趋势，对未来收益进行预测。

3. 标杆法

标杆法是指基于对企业经营活动状况的调研，企业管理人员通过与组织内外部相同或相似经营活动的最佳实务进行比较分析，从中找出新的方法和理论，改进本企业的经营业绩的方法。

标杆法为水库工程维修养护企业提供了一种明确的奋斗目标，可以帮助企业明确目前在维修养护领域中所处的位置和需要改进的地方，为企业提供一种不断发现新目标以及寻求如何实现这一目标的不断创新的思路，最终提高企业的市场竞争力。

4. 成本效益分析法

成本效益分析法是指通过比较项目的全部成本和效益来评估项目价值的方法，以寻求在投资决策上如何以最小的成本获得最大的收益。

成本效益分析法是评价水库工程维修养护企业绩效的最直接的方法。该方法不仅可以分析企业在维修养护业务实施过程中的有形收益，而且可以分析某一大型项目的无形收益。

5. 比较法

比较法是指通过对企业的绩效目标与实施效果、历史情况与当期情况、不同部门和地区的同类支出进行比较，综合分析绩效目标的实现程度的方法。

使用比较法可以很直观地评价水库工程维修养护企业经营业绩的好坏。通常使用的比较法有目标比较法、水平比较法和横向比较法。目标比较法是指将考评期内水库工程维修养护企业经营的实际绩效表现与绩效计划的目标进行对比，寻求维修养护工作绩效的差距和不足的方法。水平比较法是指将考评期内水库工程维修养护企业的实际业绩与上一期的企业经营业绩进行比较，衡量和比较维修养护工作开展中的进步或差距的方法。横向比较法是指在水库工程维修养护企业之间、企业内部各部门之间进行横向比较，衡量该维修养护企业的经营绩效的进步或差距的方法。

6. 因素分析法

因素分析法是指利用统计指数体系分析现象总变动中各个因素影响程度的方法。

水库工程维修养护企业通过综合分析影响企业绩效目标实现、实施效果的内部因素和外部因素，构建影响企业绩效考评的关键变量，确定各因素对分析指标的影响方向和影响程度，进而进一步评价绩效目标实现程度。

7. 公众评判法

公众评判法是指通过专家评估、公众问卷及抽样调查等对水库工程维修养护工作和业绩进行评判，评价绩效目标实现程度的方法。公众评判法的主要优点是简便易行，具有一定科学性和实用性。

5.3.4 评价程序

水库工程维修养护绩效评价的程序主要包括考评准备、具体操作、总结报告、反馈整改等四个阶段，见图5.1。

5.3.4.1 考评准备

水库工程维修养护绩效考评的准备工作是指从组建考评小组开始到下达具体考评任务之间，在具体开始实际考评工作之前进行的各项考评准备工作。维修养护绩效考评准备工作主要包括组建考评委员会、确定考评项目和工作方案、下达考评通知三个方面。

1. 组建考评委员会

根据拟评价的维修养护项目抽调相关领域的、具有丰富理论经验与实践经验的专家和学者组成考评委员会。

2. 确定考评项目和工作方案

其具体包括确定考评项目、项目考评前调查、编制考评方案和选

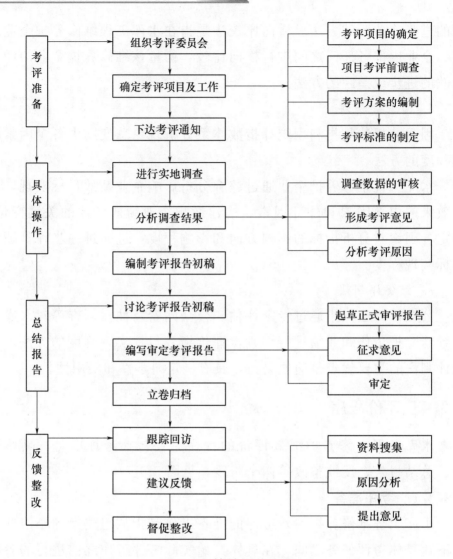

图 5.1　绩效评价流程

定考评标准四个部分。

（1）确定考评项目。确定考评项目是具体修正之前拟评价的维修养护项目，并最终确定到底要评价什么和为什么要对这个项目进行评价的过程。

（2）项目考评前调查。项目考评前调查是对所要考评的维修养护项目的相关资料、数据进行收集整理，包括被考评单位的相关资料收集和项目单位的资料收集。

（3）编制考评方案。结合考评前调查的相关资料确定相应的考评方案，针对不同的考评项目，编制不同的维修养护考评方案。

（4）选定考评标准。这是准备工作最关键的一部分，是整个考评准备阶段的核心。考评标准选择的科学性直接决定了指标体系的科学性，也决定了绩效考评的最终结果能否科学合理、真实地反映维修养护工作的绩效。

3. 下达考评通知

在《维修养护绩效评价通知书》下发到被考评的单位或部门后，绩效考评正式进入实施阶段。

5.3.4.2 具体操作

水库工程维修养护绩效考评的具体操作阶段，是从考评专家开始进入被考评单位进行调查开始到形成考评报告初稿为止的这一阶段。具体操作阶段是整个考评工作的核心。这部分工作可以分为进行实地调查、分析调查结果和编制调查报告初稿三个环节。

1. 进行实地调查

实地调查是考评委员会对被考评项目进行实地调查取得数据的过程。考评委员会依据考评标准，对所要考评的项目进行详细的调查了解，以便进一步分析、审查。调查数据的准确程度对后面的调查结果的形成至关重要。

2. 分析调查结果

这是对调查数据进行分析、审核、处理的阶段，是具体操作阶段最为重要的一个环节。最终的考评报告主要来源于对实地调查结果的分析。该环节包括以下几项工作：

（1）对调查数据的审核处理工作。考评委员对实地调查获得的数据进行仔细核查；此外，考评委员会还将对实地调查所取得的数据进行分类筛选，将定性指标与定量指标分离，并根据不同的方法对不同的数据进行处理。

（2）形成考评意见的整理复核工作。调查取得的数据经过这些工作之后将会形成初步的考评结论。而这一结论是否成立还需要考评委员会对结论进行仔细的整理复核。

（3）分析原因。考评委员会将结合相关理论对前期收集的材料进行细致的整理分析，并找原因。

3. 编制考评报告初稿

考评委员会通过进行实地调查、分析调查结果等准备环节的工作，编制考评报告初稿。

5.3.4.3 总结报告

水库工程维修养护绩效考评的总结报告工作是指考评具体操作阶段的工作完成之后，根据考评具体操作阶段发现的问题及改进的建议和措施，讨论、编写、审定考评报告，作出考评决定的过程。这个过程通常包括讨论考评报告初稿、编写审定考评报告和立卷归档三个部分。

1. 讨论考评报告初稿

结合考评指标体系对初稿中存在的问题进行讨论，进一步整合考评委员会的意见。

2. 编写审定考评报告

经过考评委员会的细致讨论之后，考评报告开始进入正式的编写审定阶段。这一阶段的工作又包括起草正式考评报告、征求意见和审定报告三个环节。

（1）起草正式考评报告。考评委员会根据考评具体操作阶段所审查的问题以及针对其问题提出的改进建议和措施，编写考评报告，给出考评结论。

（2）征求意见。考评委员会将考评报告发到有关单位征求意见。对于反馈的意见要认真对待，确实需要修改的部分还要认真修改。

（3）审定报告。在征求有关单位意见之后，考评委员会将把修改后的报告上交相关权威部门或召集相关领域的专家学者，一般以评审会的方式进行最后的集中审核，并确定此次的评估报告结论是否合理、是否可行、是否可以定稿。如果审核不通过将不能最终定稿。

3. 立卷归档

在审定报告之后，考评委员会将把形成的审定后的考评报告交至被考评单位，由被考评单位立卷归档。

5.3.4.4 反馈整改

水库工程维修养护绩效考评的反馈整改工作是指考评报告立卷归档完成以后，经过一段时间，对考评建议和改进措施的执行情况进行回访性考评的过程。

水库工程维修养护绩效考评工作的最终目的并不在于考评报告的编写，而在于考察、提高被考评单位的工作绩效。考评报告应该作为被考评单位提高工作绩效的依据，因此，在考评报告立卷归档之后，还需要对被考评单位进行反馈整改，这一阶段被称为绩效考评的反馈整改阶段。这一阶段的工作主要包括跟踪回访、建议反馈和督促整改三个环节。

（1）跟踪回访。跟踪回访是指在考评报告提交之后，对所考评维修养护项目的改进情况进行跟踪回访，主要考查考评报告中提出的建议是否执行，存在的问题是否改进，效果如何等情况。

（2）建议反馈。这一环节的工作又可分为资料搜集、原因分析和提出建议三个部分。①通过跟踪回访，了解考评报告的执行情况。并再一次收集资料，为下一步提出改进意见做准备。②在资料搜集的基础之上，考评委员会将针对考评报告执行过程中出现的新问题进行原因分析。③考评委员会提出改进的建议和措施。

（3）督促整改。考评委员会将整改建议递交被考评单位之后，督促被考评单位根据对所提意见进行认真细致的整改，并将意见提交被考评单位的监督主管机构，以保证所提的整改意见能够及时有效地得到整改。

5.4　退出机制

水库工程维修养护企业退出机制是水利工程管养市场法制化、规范化、国际化过程中所必须解决的重要课题。完善企业的市场退出机制，不仅是深化水管市场改革、加快实现水库工程维修养护市场化运作战略性调整的一项迫切任务，也是建立和完善水管市场经济体制的一项基础性的制度建设，也是一种债权人的保护机制。

5.4.1　退出平台

构建健康、有序的水库工程维修养护企业退出机制要从多方面介入。

1. 规范退出行为

需要从法律法规上，制定统一的、规范的维修养护企业退出的法律、法规、标准、程序等，规范维修养护企业的退出行为，使维修养护企业退市有法可循，执法部门有法可依。

维修养护企业退市必须经过实质意义上的清算程序（除合并、分立外）和形式意义上的注销程序，才能完全退出市场。即依法清算维修养护企业全部财产，并结清一切债权债务，此为退出市场的内在标准；在程序上，维修养护企业向登记机关办理完成注销登记并公告，此为退出市场的最终标志，两个条件缺一不可。

2. 简化退出程序

在制度上有关政府部门之间的协调和配合，简化行政审批程序，简化退出程序，降低退出成本，引导企业走合法注销途径。进一步完善维修养护企业注销登记，债权、债务清理的规定，增强现有法律、法规的可操作性。

对小规模公司、未开业企业、无债权债务企业、企业分支机构的退出，可设置简易程序，提高退出效率。对于企业分支机构，只要其上级主管单位承诺承接债权、债务即可办理注销。

3. 完善信用管理体系

建立和完善信用管理体系，依法有序开放市场主体退出信息。通过严格的管理，对外制约维修养护企业的信用行为，促使企业守合同、重信用；对内从根本上改变管理决策失控导致维修养护企业无序退出市场的状况，形成科学的制约机制。

4. 完善退出监督机制

建立专门的机构，负责对维修养护企业退出具体工作的参与、指导和监管；健全完善维修养护企业退出的监督机制，促使维修养护企业依法有序地退出市场；加大行政监管执法力度，加强对恶意退出市场行为的监管。通过社会各方面监督，加大维修养护企业违规操作成本，营造一个规范、有序的退市大环境。

同时，培育服务于维修养护企业依法退出市场的中介组织。中介组织依托自有的专业知识和丰富的经验，可代理维修养护企业退出市场的决定、公告、清算和注销等程序方面的工作。

5. 明确退出责任

明确维修养护企业退出市场时有关企业和人员应当承担的责任。明确维修养护企业不主动办理注销登记手续时，主要投资人（股东）、法定代表人应承担的法律责任。明确维修养护企业在被吊销营业执照时，不及时上缴营业执照的正、副本和印章应承担的法律责任。明确维修养护企业（包括分支机构）退出市场后，仍继续非法经营时应承担的法律责任。明确维修养护企业故意逃避债务、税收、合同义务、员工工资和劳动保险时应承担的法律责任。

5.4.2 退出障碍

在维修养护企业退出市场时，政府、水行政主管部门、水库工程管理单位和维修养护企业需要共同克服体制障碍、成本障碍、心理障碍、识别障碍等的影响，营造一个规范、有序的退市大环境。

1. 体制障碍

利润最大化是企业追求的目标。政府部门、企业经营者和企业职工都要参与退出决策，对企业退出市场都有一票否决权。

政府部门往往以企业能否上缴利税作为企业进退市场的经济临界点。一旦国企退出市场，就会出现下岗职工的安置、生活保障等问题，导致市场退出的制度失效。因此，有必要推行水库工程的管养分离。

2. 成本障碍

维修养护企业退出市场时的成本包括退出时的费用支出、因退出而丧失的预期收益。这种退出成本通常会影响企业的退出决策。

3. 心理障碍

维修养护企业退出市场，往往会被看作是经营失败的象征，这又往往和企业决策者的地位、权力、声誉、利益相联系。企业决策者在制定退出决策时，需要承受来自员工、社会舆论的压力和自我情感的否定。

4. 识别障碍

维修养护企业退出市场，要求企业决策者不仅要有急流勇退的决心和魄力，还要有明察秋毫的眼光与智慧，及时作出退出市场决策。

5.4.3　退出监管

依据《中华人民共和国行政许可法》《中华人民共和国公司法》等法律、法规、规章的有关规定，健全完善维修养护企业退出市场的监督管理机制，实施企业退出督查制度，引导企业规范、有序地退出市场。

企业退出督查制度是指工商行政管理机关知悉维修养护企业申请退出市场，由企业登记机关和属地工商所（分局）依法督促其办理相关注销手续，并实施监督管理的制度。

（1）水库工程维修养护企业有下列情形之一的，应主动终止经营，并办理注销登记手续：①法院依法裁定宣告维修养护企业破产或解散；②政府及有关部门依法责令关闭维修养护企业；③工商行政管理机关依法吊销维修养护企业的营业执照；④因合并、分立导致原维修养护企业解散；⑤维修养护企业投资人决定解散企业等法律法规规定的各种注销情形。

（2）水库工程维修养护企业有下列情形之一的，应采取有效措施对其实施退出督查：①法院依法裁定宣告维修养护企业破产或解散，并函告工商行政管理机关的；②政府及有关部门依法责令维修养护企业关闭，并函告企业登记机关或与工商行政管理机关建立联动监管的；③工商行政管理机关依法吊销维修养护企业的营业执照；④维修养护的营业期限届满未延续的等法律法规规定的各种注销情形。

（3）企业登记机关和属地工商所（分局）共同承担退出督查管理责任。属地工商所（分局）负责依法对退出企业进行实地检查，核查其有无从事与清算无关的经营活动；督促指导企业清算结束后依法办理注销手续。

企业登记机关负责对退出企业实施警示管理，监督并指导企业依法办理注销手续。

（4）建立企业退出市场的公告制度。企业登记机关依法对吊销营业执照的维修养护企业、已办理注销登记的维修养护企业、进入清算程序的维修养护企业、查无下落的维修养护企业进行公告。

第 6 章

维修养护经费监管机制

6.1 概述

《水利建设基金筹集和使用管理暂行办法》（国发〔1997〕7 号）中规定用于水利建设的专项资金包含中央水利建设基金和地方水利建设基金两部分。其中，中央水利建设基金主要用于关系国民经济和社会发展全局的大江、大河、重点工程的维护和建设；地方水利建设基金主要用于城市防洪、中小河流、湖泊的治理、维护和建设。对于跨流域、跨省（自治区、直辖市）的重大水利建设工程等重点防护工程的治理费用则由中央和地方共同负担。

对水库工程维修养护经费进行监管是保证各类投融资政策真正落实的重要条件，是进一步引导各类投融资主体参与水库工程维修养护的重要前提。在水利行业不断推出各类投融资政策、完善投融资体系的同时，应当加强行业投融资运行和资金使用的监管，创造透明公开的投融资运行机制，进行科学的组织创新和制度设计，建立完善的投融资监管平台和机制，以保证水库工程维修养护项目的顺利运行。

6.2 投融资平台

6.2.1 建设思路

坚持"政府主导、市场运作、社会参与"的原则，拓宽水库工程维修养护投融资渠道。以公共财政投入为主体，大幅度增加公共财政对水库工程维修养护的投入；以构建水利融资平台为纽带，引导金融机构增加水利信贷资金；以有效的政策扶持为依托，调动和发挥社会投资水利的积极性；以激励机制为动力，引导农民群众积极筹资筹劳进行水库工程维修养护。建立多渠道、多层次的水库工程维修养护投融资格局，形成有利于水库工程维修养护可持续发展的稳定投入机制。

6.2.2　投融资平台

省、州（市）人民政府建立各自的水利投融资平台（以下统称"水利投资公司"）；县（市、区）人民政府可根据经济发展实际情况建立水利投资公司。水利投资公司由本级人民政府主导。作为政府服务水利的专业融资平台，必须在政府主导之下，紧紧围绕服务水利改革与发展这一核心，承担和承接工程建设与筹资融资责任，将水利建设和融资计划纳入本级人民政府规划，由本级人民政府下达经济效益和社会效益指标，接受本级人民政府的监督、管理和考核。水利投资公司为承担政府投资项目融资功能，具有独立的公司法人财产权和经营权，承担相应民事责任的国有独资或国有控股公司。

各级水利投资公司受本级人民政府委托，管理、开发授权范围内的国有水利工程资产、资源，并承担相应水利工程的运行、管护成本和债务，应积极开展直接融资和间接融资，走多渠道融资之路。未建立县级水利投资公司的，国有水利工程资产、资源和债务由县级人民政府负责处置。

按照"谁组建、谁负责、谁投资、谁收益"的原则，各级水利投资公司应健全公司法人治理结构，建立融资建设管养运营为一体的产权投资纽带关系，严格按照现代企业制度规范运作。

由各级人民政府牵头，水利、国土、林业、财政和涉及乡镇及村委会等组成确权划界和清产核资工作组，按照清产核资、勘界确认、公示、登记发证的基本程序，明晰国有、集体、投资人、自然人等与各类水利工程资产的权属关系、债务关系，完成水利工程确权划界、清产核资工作。清产核资应明确省、市、县三级各自享有比例，明晰水利工程产权归属，根据国有资产产权登记管理办法，按照竣工决算审计报告或工程资产评估报告量化分配各级投资产权，核发产权证书。并根据各级政府在水利工程中具体投资比例和份额，并将国有产权、债务分别注入各级水利投资公司。

已建和新建水利工程的中央补助资金按比例 5∶2∶3 分别注入省、市、县级水利投资公司，省级补助资金全额注入省级水利投资公司，州（市）、县（市、区）配套资金分别注入各自水利投资公司。

6.2.3　国有资源投融资

对具有防洪、供水、发电等综合开发任务的水利工程，具备所有权的人民政府可依法拍卖供水、发电等收益权；对不承担防洪调蓄任务的水利工程，具备所有权的人民政府可依法拍卖供水、发电、养殖、旅游等收益权和所属土地开发权；对治理河道，具备所有权的人民政府可依法拍卖旅游、供水收益权和沿河土地开发权。各项收益权或开发区拍卖所得资金归具备所有权的人民政府所有，用于水利工程建设、运行管理。

对现有水利工程投资项目，具备所有权的人民政府可通过 TOT（转让—经营—移交）模式向社会转让产权或经营权，筹集资金用于建设新的项目。投资方应根据有关规定编制 TOT 项目建议书，征求水利投资公司或负有项目管辖权的水行政主管部门同意后，报上一级水行政主管部门批准，同意后方可实施。水利投资公司或负有项目管辖权的水行政主管部门可将获得的资金用于建设新项目。项目转让期满，资产应在无债务、未设定担保、设施状况完好的情况下移交给水利投资公司或负有项目管辖权的水行政主管部门。

鼓励各种社会资金以股份制、独资、合作、联营等多种方式，参与经营性水利项目或准公益性水利项目经营性部分的投资建设、经营及管理。社会资金参与水利工程建设坚持"谁投资、谁收益、谁承担风险"的原则，按投资比例确认产权。

6.2.4 投资公司投融资

在确保水利资源（资产）社会化、公益性的前提下，水利投资公司可以招商引资、合作开发、融资租赁、银行贷款等形式，在保护与开发共赢的基础上，将国有水利资源（资产）盘活，解决项目资金的来源问题和项目后期管护问题，获得的资金用于公益性水利工程建设。

水利投资公司根据政府确定的投资项目，制定融资方案，包括可行性论证、融资方式、规模、期限、融资成本、还款来源、融资次数和具体额度等。水利投资公司应按综合成本最低的原则选取融资方式。

鼓励采取收费权质押、收益权质押、土地预期收益抵押、发行长期水利建设债券、特许经营权转让等多种方式进行融资。

6.2.5 建管模式投融资

对新建水利工程投资项目，推广"一库一策"投融资模式，可运用 BOT（建设—经营—移交）模式、BT（建设—移交）模式、EPC（设计—采购—施工）模式、PC（采购—施工）模式等吸引社会资金投入。

（1）BOT 模式：以各级水利投资公司作为招标人为新建水利工程建设和经营提供一种特许权协议作为融资基础，由投资方安排融资、承担风险、建设项目，并在规定时期内经营项目并获得合理的利润回报，最后根据协议将项目归还给水利投资公司。

（2）BT 模式：投资方在项目建设期行使业主职能，负责项目的投融资、建设管理，并承担建设期间的风险。项目建成竣工后，按照

BT 合同（或协议），投资方将完工的项目移交给水利投资公司，按约定总价（或完工后评估总价）分期偿还投资方的融资和建设费用。

（3）EPC 模式：由投资方筹集资金自行完成对整个工程项目的设计与采购施工一体化的策划，并对水利投资公司提供的全部数据信息进行复核和论证，设计、生产及项目所需物资的采购、调配和项目的试运行管理，直至符合并满足水利投资公司在合同中规定的性能标准。各级水利投资公司应对工作进度、质量进行检查和控制。

（4）PC 模式参照 EPC 项目融资模式执行。

各级人民政府对小型水利工程建设按照规定给予补助。鼓励农民用水户协会、农用产业化龙头企业、种（养）殖企业等作为投资方投资建设，也可采取"合作社＋农户""企业＋基地＋农户"等多种融资模式。

工程建设主体原则上按照受益范围确定，小水窖、小水池等单点工程由收益农户自建自管自用，小泵站、小塘坝和小水渠等单村工程建设管理主体为受益村；跨村工程由乡（镇）政府协调各受益村，共同组成建设主体；跨乡（镇、村）较大规模的工程，由县级水行政主管部门牵头或协调各投资方，按投资比例多少共同组成建设主体。

6.2.6　水管体制改革投融资

按照《国务院办公厅转发国务院体改办关于水利工程管理体制改革实施意见的通知》精神，落实管理机构、人员，足额落实维修养护经费和公益性人员基本支出，以及职工养老保险、医疗保险、失业保险、工伤保险、生育保险和住房公积金等社会保障政策。

根据《水利部　财政部关于印发〈关于深化小型水利工程管理体制改革的指导意见〉的通知》要求，在确保工程安全、公益属性和生态保护以及服从防汛指挥调度、非常情况下的水资源调度的前提下，在明晰工程产权的基础上，按照"谁投资、谁所有、谁受益、谁负担"的原则，通过承包、租赁、拍卖、股份合作和委托管理等方式，实现经营权、使用权、所有权的有偿转让，盘活存量水利资产。改革回收资金作为水利建设专项资金纳入县级财政管理，返还用于水利工程建设、管理及维护，实现水利工程良性运行和滚动发展。

鼓励和动员社会各方面力量投资参与小型水利工程管护。个人投资兴建的工程，产权归个人所有；社会资本投资兴建的工程，产权归投资者所有，或按投资者意愿确定产权归属；受益户共同出资兴建的工程，产权归受益户共同所有；以农村集体经济组织投入为主的工程，产权归农村集体经济组织所有；以国家投资为主兴建的工程，产权归国家、农村集体经济组织或农民用水合作组织所有，具体由当地人民政府或其授权的部门根据国家有关规定确定。产权归属已明晰的工程，维持现有产权归属关系。县级人民政府或其授权的部门负责工程产权界定工作。

农户自建以及国家补助资金所形成农户自用的小微型水利工程，其产权归个人所有。

受益农户较多的非经营性工程，组建用水户协会，协商解决出工、出资及水费计收、用水管理等事务；其由国家补助资金所形成的资产明确划归用水户协会所有。

经营性农村小型水利工程，可以实行企业化运作，也可拍卖给个人经营；其由国家补助资金所形成的资产由基层水利服务体系参与经营管理。

社会各界资助捐赠所形成的工程资产，按照资助捐赠者的意愿进行产权划分；不能确定资助捐赠者意愿的资产，原则上将产权划归工程现有经营管理者。

通过承包、租赁、拍卖、股份合作和委托管理、用水合作组织等方式改革形成的特许经营权、抵押权等水利工程资产可以作为银行抵（质）押物范围和还款来源。

培育维修养护市场，引入市场竞争机制，规范市场化运作，逐步实现"政府承担、公开竞标、合同管理、评估兑现"的管护模式。

建立"融资、建设、管养、运营"为一体的产权投资纽带关系。鼓励公司、企业、个人、用水合作组织等社会力量组建专业化管养维护队伍承接工程养护外包业务。

各级水利投资公司应按国家清理投融资平台的政策要求从单一融资角色向综合集团公司转变，承建或承包水利工程建设、管理、维修养护业务。

6.3　资金使用与管理

6.3.1　支付范围

中央财政对中西部地区、贫困地区公益性水利工程维修养护补助资金（以下简称"中央补助资金"），从中央水利建设基金水利工程维修养护资金中安排。

（1）中央补助资金的安排使用，应当遵循"统筹兼顾、保证重点、专款专用、注重实效"的原则。

（2）地方各级财政部门应当积极安排资金，支持县级国有公益性水库工程维修养护。中央补助资金分配实行与地方财政上一年度安排的维修养护资金一定比例挂钩奖补激励机制。

（3）中央补助资金专项用于实施水库工程维修养护项目的人工费、材料费、机械使用费等重点支出。人工费是指实施工程维修养护项目中维修养护人员的劳务性费用。材料费是指实施工程维修养护项目中所需各种原材料、辅助材料的费用。机械使用费是指实施工程维修养护项目中发生的机械设备运行、维护和租赁等费用。财政部依据国家有关规定认定的其他开支项目。

（4）中央补助资金不得用于以下支出：各级管理单位在职人员经费、离退休人员经费及公用经费等。修建楼堂馆所、交通工具购置、办公设备购置、基础设施建设及更新改造等。弥补经营性亏损和偿还债务。超出正常维修养护项目范围和标准、未经财政部门认定的开支项目和费用。

（5）省级以上水库工程维修养护资金包括中央财政补助资金和省级财政专项资金，其中省级专项资金不低于中央上年度下达的全省补助资金的50％。中央及省级资金主要用于补助县属国有水库工程管理单位管理的国有公益性水库工程维修养护项目，包括水库、水闸、泵站、堤防工程等（含大中型灌区管理单位管理的水库、水闸、泵站等）。

（6）各设区市及县（市、区）财政也要设立水库工程维修养护专项资金，其资金总额不得低于上年度下达的本市及县（市、区）中央补助资金的50％〔设区市及县（市、区）之间的比例由设区市确定〕，并确保市县财政专项资金与中央及省级维修养护补助资金同步到位。

6.3.2 支付方式

纯公益性水库工程管理单位，编制内在职人员经费、离退休人员经费、公用经费等基本支出由同级财政负担。工程维修养护经费在水利工程维修养护资金中列支，工程更新改造费用纳入基本建设投资计划。事业性质准公益性水库工程管理单位，编制内承担公益性任务的在职人员经费、离退休人员经费、公用经费等基本支出以及公益性部分的工程维修养护经费等支出，由县（市、区）财政负担，更新改造费用纳入基本建设投资计划。经营性部分的工程管理人员经费、离退休人员经费、公用经费等基本支出以及维修养护经费由企业负担，更新改造费用在折旧资金中列支，不足部分纳入基本建设投资计划。事业性质准公益性水库工程管理单位经营性资产收益和其他投资收益要纳入单位经费预算。

水库工程维修养护经费数额由财政部门会同同级水行政主管部门按照国家《水利工程维修养护定额标准（试行）》确定。水利工程管理及维修养护经费的拨付要在严格核定水库工程管理单位人员编制和维修养护定额，全面审核水库工程管理单位收支情况的基础上，逐步由按人员编制数额拨款转变为按人员机构经费和工程维修养护定额拨款。要严格控制经费支出，加强资金管理，做到专款专用，严禁挪作他用。加强对维护经费落实情况和资金使用情况的审计和监督检查力度，确保各项资金的合理使用。

水库工程管理单位经费主要由管理机构基本支出与水利工程维修养护支出组成，不包括工程更新改造费用和特大洪水发生的防汛抢险和水毁工程修复费用。其经费来源主要为国家财政拨款。基本支出预算开支范围和标准，应根据国家与省级财政、人事等相关部门下发的文件计算。人数依据实际管理人员及离退休工作人数计算。预算编制方法：首先分别测算出在职人员、离退休人员、公用经费的年人均开支标准，根据管养分离后确定的管理单位人数，分别测算出本单位的在职人员经费、离退休人员经费、公用经费。

水库工程管理单位与维修养护单位以合同方式将水利工程维修养护经费按照合同条款内容进行核算并发放。

各级要加强水利建设基金的征收工作，还未征收水利建设基金的地（州、市）、县（市、区），必须尽快实施水利建设基金的征收。为保障水管体制改革的顺利实施，各级政府要增加对水利工程管理的投入，合理调整水利支出结构，积极筹集水利工程维修养护岁修资金。省、地（州、市）、县（市、区）水利工程维修养护岁修资金的来源为同级水利建设基金的 30％和同级财政年初预算安排的岁修费。

各项水行政事业性收费，作为水行政主管部门和水管事业单位管护资金的来源，按"收支两条线"原则纳入同级财政，统筹安排、加强管理。对已纳入财政预算的水行政事业性收费，其相应的支出，同级财政部门应予以安排；对作为预算外管理的水行政事业性收费，实行专户管理，严格按规定用途使用。各有关职能部门要加强对水库工程管理单位管理经费的落实情况和各项资金使用情况的审计和监督。

6.3.3 资金监督管理

6.3.3.1 坚持依法管理

要提高维修养护资金使用单位的理财水平，使管理单位合法合规的使用维修养护资金。

（1）要加大对维修养护资金使用单位负责人、经办人、财会人员的宣传教育，提高他们对维修养护资金"专款专用"的重要性和紧迫性的认识。

（2）财政部门作为维修养护资金的管理、监督机关，要严于律己，起带头作用，增强维修养护资金的法律严肃性。要以有关财经法规作后盾，强化法制观念，维护国家利益。要严格执行财经纪律，确保维修养护资金及时足额到位和"专款专用"，杜绝违法违纪行为发生。

（3）要提高监督人员素质，以较好的业务能力服人，以廉洁清正震慑人，以强烈的事业心干好工作，以高度的责任感处理问题，保证对维修养护资金监督工作落到实处。

（4）完善政府投资制衡机制。建立完善的工作程序和严格的行为规范，项目决策、执行、监督形成工作链，相互监督、相互制约。

6.3.3.2 实行监管责任制

各级水行政主管部门要会同同级财政部门按《水利工程维修养护定额标准（试点）》，核定水库工程维修养护经费数额。各级财政部门应保证核定的水库工程维修养护经费足额到位。

水库工程维修养护经费的使用应接受财政、水利、审计等部门监督检查。不得任意改变资金的用途、使用范围、项目建设内容以及水利项目要达到的预期绩效等，如更改就要逐级上报。

实施维修养护资金使用监督责任制。由注重事后监督转变到资金使用全过程的监督，由突击性监督检查转变到规范化的经常性监督，由外部监管为主转变到内外并重的监管方式，启动资金使用的绩效问责机制，实现资金使用的全过程动态监管。从维修养护资金拨付流程、项目管理、验收结算评审全过程进行监督，杜绝维修养护资金作假现象，保障维修养护资金的使用安全。

地方各级财政部门会同同级水利部门，应当按照现行法律法规及预算和财务管理制度，加强对资金的使用管理和监督，切实做到专款专用，严禁截留、滞留、转移、挪用资金和平衡预算。

各级水行政主管部门及其所属单位的行政事业性收费要及时足额缴入国库或预算外资金财政专户，实行"收支两条线"管理。经营性水库工程管理单位和准公益性水库工程管理单位所属企业必须按财政部《水库工程管理单位财务会计制度》的规定提取工程折旧。

加强维修养护资金的财务管理，遵守财会制度和财经纪律，不得截留、挤占、挪作他用，不得弄虚作假，虚列支出。建立水库工程维修养护经费决算制度、使用信息反馈和重大事项报告制度。

各级水行政主管部门和财政部门要加强对水库工程维修养护经费使用的监督检查、审计和跟踪管理，发现问题，及时纠正，对违规使用维修养护资金的行为，要按有关规定严肃处理。

6.3.3.3　推行资金精细化管理

要不断促进水库工程维修养护资金的科学化、精细化管理。

（1）建立管理制度。要从促进经济和社会发展的高度出发，切实发挥财政职能作用，建立完善的水库工程维修养护资金管理制度，使维修养护资金的管理在制度上有保障。

（2）贯彻落实管理制度。管理制度执行关系到水库工程维修养护资金的使用效益。要分解责任，将制度贯彻落实到涉及维修养护资金的部门和单位，同时根据总的指导方针制定实施细则，把精细化、科学化、合理化、程序化、常规化的管理守则和行为规范贯彻落实到维修养护资金使用的全过程。

（3）及时修正制度漏洞。根据水库工程维修养护资金使用的反馈情况，认真分析问题，及时修改及制定相关政策，保证维修养护资金的安全。

（4）预算制度建设。要按照"先有计划、后划资金"的要求，保证水库工程维修养护资金的使用、管理、监督不偏离目标，提高维修养护资金使用效益。

6.3.3.4 加强舆论监督

实行对水库工程维修养护资金的全社会透明公开制度。按照"公平、公正、公开"的原则，提高水库工程维修养护资金管理的透明度。按照相关规定有涉及维修养护资金的水利项目应当公告公示，公开政府统一招投标和竞标情况，规范实施招投标和竞标等政府采购相关程序。提高维修养护资金管理的民众认识，利用群众监督制止贪污受贿等违法犯罪行为的情况发生，杜绝维修养护资金管理中的漏洞。

另外，提高水库工程维修养护资金分配的纪委介入程度。项目分配批复不能封闭运行，防止违法违纪情况发生。

6.4 资金绩效评价

基于《中华人民共和国水法》等相关法律法规，逐渐建设并完善水库工程维修养护资金使用管理绩效评价方法。

6.4.1 资金整合

按照水库工程维修养护资金"支出科学化、精细化，以点带面，先重后轻，分阶段实施"的原则，进一步对维修养护资金整合。通过下述四方面的努力，使水库工程维修养护资金从设立到支付形成一个整合的体系。

（1）摸清家底。要摸清水库工程维修养护资金的管理、使用和效益情况，客观评价每个水库工程维修养护项目资金存在的必要性、规模的合理性以及整合的可能性。

（2）明确分类依据。要按维修养护资金支出用途作为分类依据，进一步整合水库工程维修养护资金。

（3）精细、合理化整合。对使用和管理相似又分属不同部门的水库工程维修养护资金进行整合，建立"各自负责、联动合作、集中批示、同意用款"的部门联动机制，防止产生水库工程维修养护资金重复多头申请、重复使用的情况。

（4）建立多层次联动的常态管理机制。与上级部门联动，建立常态支付体系，规范水库工程维修养护资金的支付。

6.4.2　资金绩效评价

水库工程维修养护资金绩效评价的主要实施机构有财政部门、水行政主管部门、相关政府部门、监理设计评审公司等。在这些组成机构中，财政部门统一组织和具体指导，保障绩效评价的实施过程合法、有序、规范进行。水库工程维修养护资金绩效评价工作大体可划为五个阶段：

（1）前期策划：主要是组建评价工作组和选择各相关专业成员。

（2）工作计划：主要是根据相关预期目标和前提，预先分析并构造出工作计划，提出水库工程维修养护资金绩效评价的体系要求和注意事项。

（3）收集数据：根据工作计划，通过问卷调查、现场查看等手段，收集相关数据。

（4）总结阶段：评价工作组通过各种方法，依据绩效评价体系，通过计算获得评价绩效水平，并科学客观的形成评价结果和评价意见。

（5）反馈阶段：主要是向水行政主管部门、水库工程管理部门和相关利益方、受益群体通报评价结果。财政部门理应编制绩效评价报告并公示评价结果。

6.4.3　评价质量控制

在对水库工程维修养护资金进行绩效评价时，一定要强化绩效评价队伍的专业技术水平。绩效评价部门机构应建立与水库工程维修养护资金实际情况相对应的水平控制体系机制。

1. 加强绩效评价机构与专业人员质量控制

按照信用为重、水平相当的标准，根据水库工程维修养护项目所在地的实际情况，通过自助报名竞争、政府统一招投标或延伸业务内审等多种途径组建绩效评价机构。

绩效评价机构与专业人员是绩效评价工作的组织者和实施者。组织规划内容是否顺当，成员的专业水平是否达到，直接影响到水库工程维修养护资金绩效评价工作的执行进度和评价工作质量。

2. 重视数据的客观性检验

绩效评价第一道数据资料的客观性是整个绩效评价内容中的重中之重。如果水库工程维修养护的第一道数据资料失去与实际情况反映的真实性，水库工程维修养护资金的绩效评价结果必然失去基础的真实性，最后引发不良决策的发生，后果非常严重。

3. 做好绩效评价末期控制

在水库工程维修养护项目完工验收之后，再对绩效评价工作进行总体检验并汇总。即可以采取外来监督与自主核查相交叉的方法实施绩效评价后期控制。

第 7 章

总 结

坚持产业化发展、多元化投资、市场化运作、企业化经营、社会化服务、规范化管理的改革方向，以"优化资源配置、降低维修养护成本、提高维修养护水平"为目标，积极推行水库工程管养分离，把水库工程维修养护业务推向市场，培育维修养护市场，引入竞争机制，规范市场化运作，创新专业化、多元化公共服务管理模式，逐步实现"政府承担、公开竞标、合同管理、评估兑现"的管护模式，使水库工程维修养护走上市场化、专业化、法制化、社会化和现代化的道路，推动政府购买公共服务，实现政府、水库工程管理部门、中介机构、维修养护企业四者之间良性互动的市场化运作构架。

1. 明晰工程产权

按照"谁投资、谁所有、谁受益、谁负担"的原则，结合基层水利服务体系建设、农业水价综合改革的要求，落实水库工程产权。个人投资兴建的工程，产权归个人所有；社会资本投资兴建的工程，产权归投资者所有，或按投资者意愿确定产权归属；受益户共同出资兴建的工程，产权归受益户共同所有；以农村集体经济组织投入为主的工程，产权归农村集体经济组织所有；以国家投资为主兴建的工程，产权归国家、农村集体经济组织或农民用水合作组织所有，具体由当地人民政府或其授权的部门根据国家有关规定确定。产权归属已明晰的工程，维持现有产权归属关系。县级人民政府或其授权的部门负责工程产权界定工作。

2. 建立并完善监管体系

按照分级、分层管理的原则，建立水行政主管部门、质量监督机构、水库工程管理单位、监理单位组成的分级、分层次监督的监管体系。

工程产权所有者是工程的管护主体，应当健全管护制度，落实管护责任，确保工程安全正常运行。

3. 组建维修养护企业

依据"建养并重、管养分离、监管到位、体制顺畅、依法保障"的原则，按照现代企业制度，依据准入机制，通过管养分离的方式或由水利工程施工企业独立或联合组建维修养护企业；允许民间资本进入水库工程维修养护市场，利用民间资本组建民营化维修养护企业。

根据维修养护企业的注册资本、企业净资产、工程技术、经营管理人员、承担过的水利工程项目、财务管理制度、水利工程资质等条件，通过招投标的方式，确认日常维修养护和专项维修养护项目。并从财务维度、员工维度、创新维度、客户维度和业务维度五个方面对维修养护企业进行绩效评价。

为保证水库工程管养市场的法制化、规范化、国际化，建立并完善企业的市场退出机制，不仅是深化水管市场改革、加快实现水库工程维修养护市场化运作战略性调整的一项迫切任务，也是建立和完善水管市场经济体制的一项基础性的制度建设。

应摒弃"建一个水利工程，就建一个庞大的工程管理单位"的模式，在充分利用现有资源的基础上，推行水库工程管养分离，破除水库工程管理上的人为地域界限，可以实施辖区内水库工程（或单个项目内容）打捆管理，或基于联合调度的大中型水库代管周边水库等多种形式的维修养护模式。这不仅可以避免重复建设，减少人力与物力资源的浪费，还可使已存在的各水库工程管理单位核心业务的拓展成为可能，从而壮大水库工程管理单位的规模和实力，提高水库工程维修养护管理的整体水平。

4. 规范维修养护市场环境

坚持产业化发展、多元化投资、市场化运作、企业化经营、社会化服务、规范化管理的改革方向，积极推行水库工程管养分离，把水库工程维修养护业务推向市场，规范市场化运作，创新专业化、多元化公共服务管理模式，逐步实现"政府承担、公开竞标、合同管理、评估兑现"的管护模式，使水库工程维修养护走上市场化、专业化、法制化、社会化和现代化的道路，构建由政府、水库工程管理部门、中介机构、维修养护企业四者构成的维修养护市场，降低水利工程管理成本，提高维修养护水平和工作效率，充分发挥工程效益。

水库工程维修养护项目推行招标投标管理制度。建立统一开放、规范有序、公平竞争、诚实守信的维修养护市场运行规则。

推进维修养护市场信用体系建设，实行严格的奖惩体制和准入退出制度，将维修养护企业的市场行为与资格审查和评标挂钩，引导维修养护企业自我约束、诚信经营。健全市场准入、评价、监管与退出机制，规范维修养护市场环境，形成多元参与、公平竞争的格局。

5. 规范维修养护资金

坚持"政府主导、市场运作、社会参与"的原则，拓宽水库工程维修养护投融资渠道。以公共财政投入为主体，大幅度增加公共财政对水库工程维修养护的投入；以构建水利融资平台为纽带，引导金融机构增加水利信贷资金；以有效的政策扶持为依托，调动和发挥社会投资水利的积极性；以激励机制为动力，引导农民群众积极筹资筹劳进行水库工程维修养护。建立多渠道、多层次的水库工程维修养护投融资格局，形成有利于水库工程维修养护可持续发展的稳定投入机制。

建立健全水库工程维修养护资金绩效评价制度，创造透明公开的运行机制，以保证维修养护资金的合理、高效使用。水库工程维修养护经费的使用应接受财政、水利、审计等部门监督检查。实施维修养护资金使用监督责任制。由注重事后监督转变到资金使用全过程的监督，由突击性监督检查转变到规范化的经常性监督，由外部监管为主转变到内外并重的监管方式，启动资金使用的绩效问责机制，实现资金使用的全过程动态监管。同时，建立有效的资金绩效评价体系，保障高效、规范的使用资金。

参 考 文 献

［1］ 朱卫东，2003. 综合利用水利工程经济特征分析及管理体制研究［D］. 南京：河海大学.

［2］ 尹艳青，2006. 水利工程管理体制模式的研究［D］. 北京：北京工业大学.

［3］ 刘可，2005. 黄河公益性水利工程管理与养护体制研究［D］. 南京：河海大学.

［4］ 赵海春，2005. 我国西部地区公益性水利工程管理体制改革研究［D］. 北京：中国农业大学.

［5］ 贾士强，2009. 黄河公益性水利工程管理运行机制研究［D］. 济南：山东大学.

［6］ 汪军，2011. 益阳市水利工程管理单位定岗方法及应用研究［D］. 长沙：国防科学技术大学.

［7］ 刘向阳，2015. 山东黄河水利工程管理机制研究［D］. 济南：山东师范大学.

［8］ 曹国建，2009. 东安县水利工程管理单位体制改革方案设计与实施［D］. 长沙：中南大学.

［9］ 贾琦，高佩，2009. 国外水利工程管理体制及我国的改革思路［J］. 中国行政管理，（9）：112－114.

［10］ 黄江疆，2008. 国外跨流域水利工程运行管理体制分析［J］. 特区经济，228（1）：93－94.

［11］ 郝晓地，2003. 荷兰水管理体制及水务局职能［J］. 给水排水，29（9）：26－30.

［12］ 朱卫东，2003. 综合利用水利工程经济特征分析及管理体制研究［D］. 南京：河海大学.

[13] 穆范楠，赵敏，赵玉红，2002. 水利综合类工程公益性资产界定的探讨分析 [J]. 中国水利，(8)：36 - 39.

[14] 王云昌，2003. 准公益性水利工程出资人及资产管理研究 [J]. 海河水利，(3)：51 - 54.

[15] 程邦谊，2005. 湖北省水库工程管理体制改革研究 [D]. 北京：中国农业大学.

[16] 宛水宣，聂建春. 四项改革推进水利发展 [N]. 安徽日报.2008 - 8 - 13.

[17] 代振明，刘晓洁，李冰，等，2010. 黄河水利工程维修养护管理刍议 [J]. 科技信息，2 (23)：957.

[18] 郭雪，许如辉，2007. 基层水利工程管理和养护探讨 [J]. 安徽水利水电职业技术学院学报，7 (3)：66 - 67.

[19] 陈琦莹，2016. 海河下游管理局直属水利工程维修养护存在的问题及对策分析 [J]. 海河水利，(1)：21 - 24.

[20] 穆新华，2010. 高速公路养护运行机制改革研究 [D]. 西安：长安大学.

[21] 黄一彬，孙新新，2014. 公益性水利工程运行维护市场化管理模式分析 [J]. 水利发展研究，(12)：25 - 27.

[22] 李晓翠，2005. 构建市场主体有序退出机制问题探析 [D]. 长春：吉林大学.

[23] 张泰，2004. 对我国市场主体退出制度的分析与建议 [J]. 经济研究参考，(47)：1 - 4.

[24] 林艳新，2004. 论企业的市场退出战略 [J]. 沈阳建筑工程学院学报，(1)：22 - 23.

[25] 李明，2009. 我国市场主体退出制度相关问题研究 [D]. 济南：山东大学.

[26] 吴锐锋，2013. 恩平市水利专项资金管理的研究 [D]. 广州：华南理工大学.

[27] 陈坚，2007. 构建云南水管新体制 保障持续利用水资源 [J]. 中国水利，(20)：27 - 29.

[28] 高姗，2012. 新时期水利工程维修养护管理探索 [J]. 山西水利，(7)：43 - 44.

[29] 郝秀匣，钱海英，2007. 市场主体退出机制的构建及完善 [J]. 产业与

科技论坛，(11)：88-89.

[30]　默猛进，2007.内蒙古公益性水利工程管理体制改革研究［D］.北京：中国农业科学院.

[31]　魏红亮，2013.中国水利投融资体制创新研究［D］.武汉：武汉大学.

[32]　许衍荣，2008.黄河水利工程管理体制研究［D］.济南：山东大学.